Bezugsbedingungen:

Preis des Heftes 1 bis 112 je 1 Mk,

zu beziehen durch Julius Springer, Berlin W. 9, Linkstr. 23/24;

für Lehrer und Schüler technischer Schulen 50 Pfg,

zu beziehen gegen Voreinsendung des Betrages vom Verein deutscher Ingenieure, Berlin N.W. 7 Charlottenstraße 43.

Von Heft 113 an sind die Preise entsprechend auf 2 ℳ und 1 ℳ erhöht.

Eine Zusammenstellung des Inhaltes der Hefte 1 bis 124 der Mitteilungen über Forschungsarbeiten zugleich mit einem Namen- und Sachverzeichnis wird auf Wunsch kostenfrei von der Redaktion der Zeitschrift des Vereines deutscher Ingenieure, Berlin N.W., Charlottenstr. 43, abgegeben.

Heft 125: **Wild,** Die Ursache der zusätzlichen Eisenverluste in umlaufenden glatten Ringankern. Beitrag zur Frage der drehenden Hysterese.

Heft 126: **Preuß,** Versuche über die Spannungsverminderung durch die Ausrundung scharfer Ecken.

Preuß, Versuche über die Spannungsverteilung in Kranhaken.

Preuß, Versuche über die Spannungsverteilung in gelochten Zugstäben.

Heft 127 und 128: **Schöttler,** Biegungsversuche mit gußeisernen Stäben.

Heft 129: **Gramberg,** Wirkungsweise u. Berechnung der Windkessel von Kolbenpumpen.

Heft 130: **Gröber,** Der Wärmeübergang von strömender Luft an Rohrwandungen.

Poensgen, Ein technisches Verfahren zur Ermittlung der Wärmeleitfähigkeit plattenförmiger Stoffe.

Heft 131: **Blasius,** Das Aehnlichkeitsgesetz bei Reibungsvorgängen in Flüssigkeiten.

Baumann, Versuche über die Elastizität und Festigkeit von Bambus, Akazien-, Eschen- und Hikoryholz.

Heft 132: **Kammerer,** Versuche mit Riemen besonderer Art.

Heft 133: **Häußer,** Neue Versuche über die Stickstoffverbrennung in explodierenden Gasgemischen.

Plank, Betrachtungen über dynamische Zugbeanspruchung.

Plank, Das Verhalten des Querkontraktionskoeffizienten des Eisens bis zu sehr großen Dehnungen.

Heft 134: **Holm:** Untersuchungen über magnetische Hysteresis.

Watzinger und Nissen: Versuche über die Druckänderungen in der Rohrleitung einer Francis-Turbinenanlage bei Belastungsänderungen.

Preuß: Versuche über die Spannungsverteilung in gekerbten Zugstäben.

Mitteilungen

über

Forschungsarbeiten

auf dem Gebiete des Ingenieurwesens

insbesondere aus den Laboratorien
der technischen Hochschulen

herausgegeben vom

Verein deutscher Ingenieure

Heft 135 und 136.

Springer-Verlag Berlin Heidelberg GmbH 1913

ISBN 978-3-662-23456-3 ISBN 978-3-662-25510-0 (eBook)
DOI 10.1007/978-3-662-25510-0

Inhalt.

30 Kesselbleche mit Rißbildung.

(Mitteilungen aus der Materialprüfungsanstalt der Kgl. Technischen Hochschule Stuttgart [1]).

Von **R. Baumann.**

Die Frage, ob die Verwendung von Flußeisenblechen mit Zugfestigkeiten über 4100 kg/qcm zu Landdampfkesseln bedenklich erscheint, ist im Laufe des letzten Jahrzehntes wiederholt Gegenstand lebhafter Erörterungen gewesen.

Infolgedessen hat die Frage nach der Ursache von Rißbildungen, die im Betriebe eingetreten sind, in weiteren Kreisen lebhafte Beachtung gefunden, jedenfalls zu einem Teile aus der Anschauung heraus, daß durch die Untersuchung von Unfallblechen [2]), d. s. Bleche, die im Betrieb oder schon bei der Herstellung des Kessels zur Beanstandung geführt haben, festgestellt werden kann, ob Material von geringerer oder solches von höherer Zugfestigkeit bei der Verarbeitung sowie im Betriebe häufiger zu Rißbildungen führt und Beschädigung erleidet.

Die Bleche sind im Nachstehenden derart angeordnet, daß zunächst über die Ergebnisse der 20 Kesselbleche berichtet wird, über die ein kurzer Bericht in der Zeitschrift des Vereines deutscher Ingenieure bereits erschienen ist (s. Z. 1912 S. 1115). Bei diesen ist die Reihenfolge im großen und ganzen durch die Zugfestigkeit bestimmt. Hieran schließen sich die Mitteilungen über die Untersuchung der übrigen Bleche.

Im Schlußwort sind die Ergebnisse übersichtlich zusammengefaßt. Hierbei haben auch Versuche Berücksichtigung gefunden, die nicht veröffentlicht werden können, so daß sich die Zusammenfassung auf 53 Unfallbleche erstreckt.

[1]) An den Untersuchungen haben sich außer dem Berichterstatter insbesondere die Herren Ingenieur Ulrich und Reutter beteiligt. Namentlich Hr. Ulrich hat sich der Arbeit mit Ausdauer und Hingebung gewidmet.

[2]) Ueber die bisher in der Materialprüfungsanstalt Stuttgart durchgeführten und veröffentlichten Versuche vergl. die Arbeiten von C. Bach in der Z. d. V. d. I. 1902 S. 73 u. f.; 1904 S. 1300 u. f.; gemäß letzterer Arbeit sind 15 dem Betrieb entnommene Kesselbleche geprüft worden mit dem Ergebnis, daß der Verlust an Zähigkeit bei höheren Wärmegraden durchaus nicht bei allen Materialien gleich groß gefunden wurde. Während einzelne Bleche sehr viel an Zähigkeit einbüßten, war dies bei anderen nur in vergleichsweise beschränktem Maße der Fall. Ferner Z. 1906 S. 1 u. f.; 1907 S. 465 u. f., S. 747 u. f.; 1910 S. 1809 u. f.; 1911 S. 1296, 1912 S. 360; 1913 S. 461 u. f., sowie in den Mitteilungen über Forschungsarbeiten Heft 33, 70, 83 und 84. Vergl. auch R. Baumann in derselben Zeitschrift 1907 S. 1982 u. f.; 1912 S. 1115 u. f. Ferner C. Bach in der Z. des Bayer. Rev. Vereines 1905 S. 1 u. f.; 1911 S. 85 u. f.; vergl. auch S. 24 und 42 daselbst, ferner die Protokolle des Int. Verb. der Dampf-Ueberw. Vereine 1904 S. 55 u. f.; 1908 S. 20 u. f.; 1909 S. 122 u. f.; 1911 S. 28 u. f., 31 u. f.; 1912 S. 47 u. f.

Bei der Bruchdehnung ist die Meßlänge angeführt. Ueber den Einfluß dieser Größe auf die prozentuale Dehnung vergl. z. B. Mitteilungen über Forschungsarbeiten Heft 29. Für die Kerbschlagproben haben zwei Stabformen Verwendung gefunden, welche aus Abb. 1 ($H = 30$, $h = 15$ mm, $b =$ Blechdicke) und Abb. 2 ($H = 10$, $h = 5$, $b =$ Blechdicke) hervorgehen. Der Schlag erfolgte durch einen pendelnd aufgehängten Hammer unter Messung

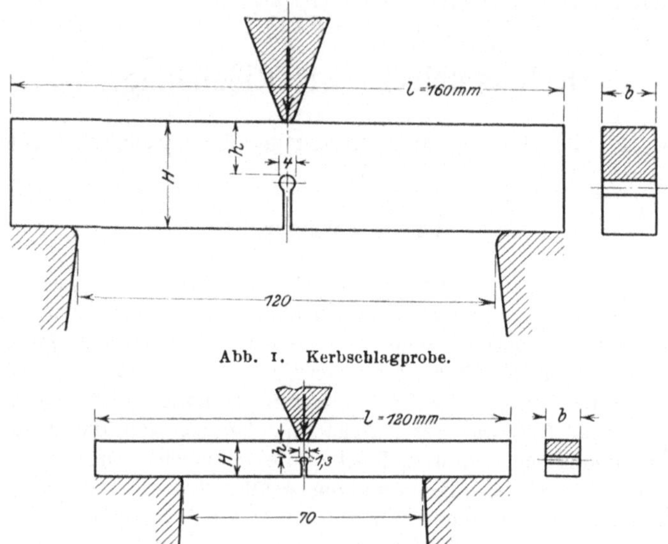

Abb. 1. Kerbschlagprobe.

Abb. 2. Kerbschlagprobe.

der zum Bruch verbrauchten Arbeit. Bei den gewählten Abmessungen des Stabes, der Bohrung und der Auflagerentfernung beträgt für ein und dasselbe Material die Schlagarbeit für die kleinen Stäbe, bezogen auf 1 qcm des nach dem Kerben verbleibenden Querschnittes, für manche Bleche ungefähr halb soviel, wie bei den großen Stäben. Die kleinen Stäbe wurden deshalb nur genommen, wenn geringe Materialmengen oder dünne Bleche vorhanden waren. Wenn die Stäbe so zäh sind, daß sie nicht durchbrechen, so kann nur angegeben werden, daß die zum Bruch verbrauchte Arbeit größer ist als der zur Biegung verbrauchte Betrag. Bei Bewertung der Ergebnisse der Kerbschlagproben sind die Feststellungen des Verfassers in Z. 1912 S. 1311 u. f. zu beachten, aus denen, ebenso wie aus Versuchen der neuesten Zeit, hervorgeht, daß die Beschaffenheit des Materials so weitgehenden Einfluß auf den Bruchvorgang ausübt, daß die Kerbschlagprobe bei breiten Stäben, d. h. dicken Blechen, unter Umständen keine richtige Beurteilung der Materialeigenschaften ermöglicht. Dies ist auch beim Vergleich der mit Stäben nach Abb. 1 und 2 erlangten Werte im Auge zu behalten.

Bei den technologischen Proben ist entsprechend den Angaben der Materialvorschriften der Allgemeinen polizeilichen Vorschriften über die Anlegung von Land- und Schiffsdampfkesseln verfahren worden[1]).

---

[1]) Die hierher gehörigen Vorschriften lauten für Flußeisen:

a) Hartbiegeprobe. Bei der Hartbiegeprobe sind die Stäbe gleichmäßig zu erwärmen und bei niedriger Kirschrotglut (im dunklen Raum beobachtet) in Wasser von 28° C abzukühlen

l) Kesselblech aus Böhmen.

Blechdicke rd. 17 mm.

Die eingelieferte Tafel ist in Abb. 3 abgebildet, sie weist in der Mitte Abblätterung von etwa der halben Blechdicke auf.

Abb. 4 und 5 geben die Querschnitte *A-B* und *C-D*, Abb. 3, wieder und lassen die eingetretene Spaltung des Bleches deutlich erkennen.

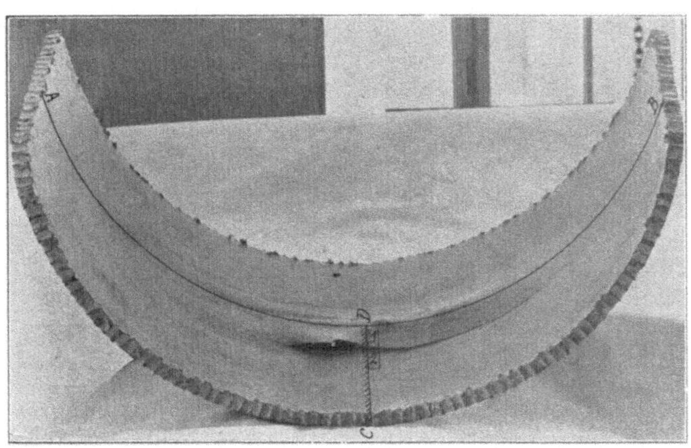

Abb. 3.

Zur metallographischen Untersuchung wurden die Stücke 1 und 2 entnommen und auf den in Abb. 3 links gelegenen Flächen geschliffen, poliert und geätzt.

Die Zeichnung Abb. 6 gibt die Ansicht der Schliffläche von Stück 1 wieder. Der obere Rand entspricht der Feuerseite, der untere der Spaltfläche. Das Gefüge bei *a, b, c* und *d* ist in Abb. 7, 8, 9 und 10 (Vergrößerung je 75fach) abgebildet. Bemerkenswert erscheint:

bei Abb. 7 der Oxydeinschluß am Rande sowie die zahlreichen, feinverteilten schwarzen Punkte;

bei Abb. 8 der große Unterschied im Gefüge oberhalb und unterhalb des Spaltes. In der oberen Hälfte des Bildes ähnelt das Gefüge dem der Abb. 7, es fehlen die dunkeln Inseln (Perlit), die im unteren Teile zahlreich auftreten und vom Kohlenstoffgehalt des Materials herrühren;

---

und dann um einen Dorn der bestimmten Dicke zu biegen. Der Biegewinkel wird in Grad angegeben. Der Probestab gilt als gebrochen, wenn sich auf der Außenseite in der Mitte der Biegungsstelle ein deutlicher Bruch im Metall zeigt. Bei der Hartbiegeprobe muß sich der Probestreifen bei Blechen mit einer Festigkeit bis zu 41 kg/qmm einschließlich in Längs- und Querfaser flach, von 41 bis 47 kg/qmm um einen Dorn mit einem Durchmesser von der zweifachen Blechdicke, über 47 kg/qmm um einen solchen von der dreifachen Blechdicke bis 180° zusammenbiegen lassen.

b) Schmiedeprobe. Bei der Schmiedeprobe müssen Streifen von ungefähr 50 mm Breite im rotwarmen Zustand mit der Hammerfinne quer zur Walzrichtung mindestens auf das $1\frac{1}{2}$ fache ihrer Breite ausgebreitet werden können, ohne an den Kanten und auf der Fläche Risse zu erhalten.

c) Lochprobe. Bei der Lochprobe dürfen Streifen, die im rotwarmen Zustande in einer Entfernung vom Rande gleich der halben Dicke des Streifens mit einem konischen Lochstempel gelocht werden, vom Loche nach der Kante nicht aufreißen. Der Lochstempel soll bei etwa 50 mm Länge für alle Blechdicken einen kleinsten Durchmesser von etwa 10 mm und einen größten Durchmesser von etwa 20 mm haben.

bei Abb. 9 das fast vollständige Fehlen des Perlits und die der Abb. 7 und der oberen Hälfte von Abb. 8 ähnliche Zeichnung des Gefügebildes; die hellen Eisenkörner sind nicht durch klare Fugen voneinander getrennt;

bei Abb. 10 die großen und kleinen dunkel gefärbten Einschlüsse, die, nach der Farbe zu schließen, in der Hauptsache aus Oxyden zu bestehen scheinen.

Abb. 4.

Abb. 5.

Abb. 6. Schlifffläche von Stück 1.

Abb. 7. Gefüge bei a, Abb. 6. $V = 75$.

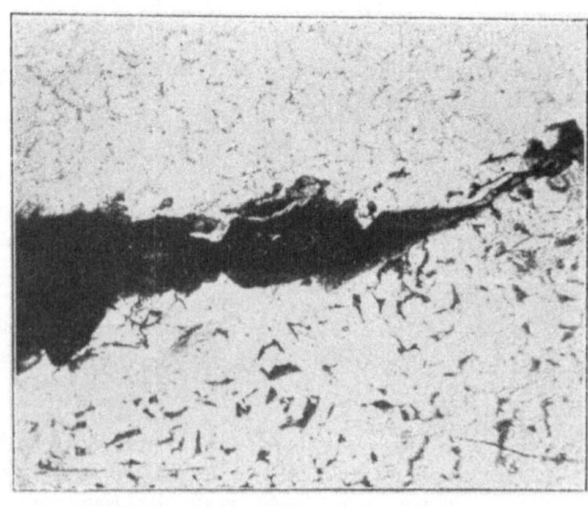

Abb. 8. Gefüge bei b, Abb. 6. $V = 75$.

Die Ergebnisse der metallographischen Untersuchung und die Betrachtung von Abb. 4 und 5 weisen darauf hin, daß das Blech Teile des Lunkers enthält und von vornherein unganze Stellen besessen hat. (Beim Erstarren des Blockes, aus dem das Blech gewalzt wird, pflegen bekanntlich insbesondere am oberen Ende Hohlräume zu entstehen, die in der Regel Schlacken- und Oxydteile enthalten. Diese Hohlräume bilden den Lunker. Sie werden beim Auswalzen in die Breite

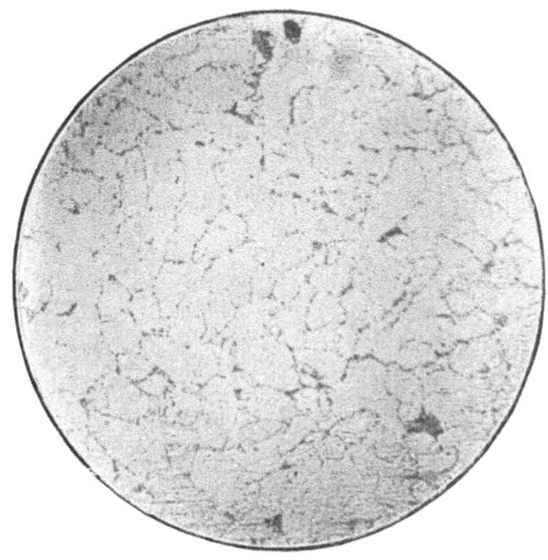

Abb. 9. Gefüge bei *c*, Abb. 6. $V = 75$.

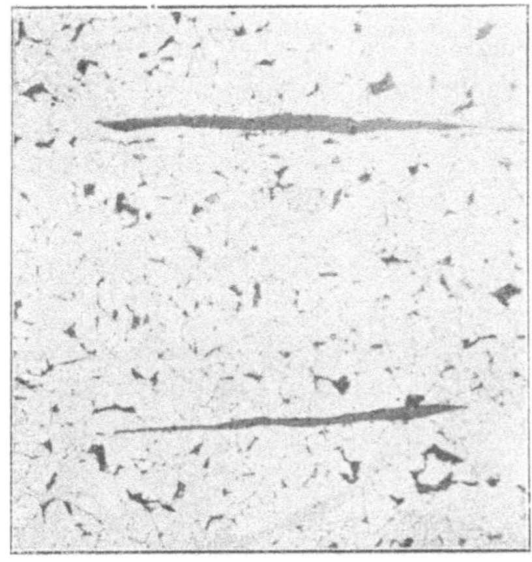

Abb. 10. Gefüge bei *d*, Abb. 6. $V = 75$.

und Länge gezogen, verschweißen auch infolge der Schlackenteile nur mehr oder weniger vollkommen und verursachen eine Doppelung des Bleches. Die von solchen Mängeln betroffenen Teile des Blockes sollten zu Dampfkesselblechen nicht verwendet werden.)

Anzeichen dafür, daß — wie vom Antragsteller vermutet wurde — der Versuch gemacht worden wäre, die getrennten Blechhälften zusammenzuschweißen, haben sich weder aus der Untersuchung des Stückes 1 noch aus der des Stückes 2 ergeben.

Es wird anzunehmen sein, daß die beiden Blechhälften zunächst stellenweise aneinander gehaftet haben, so daß der Schaden, der im Innern bestand, von außen nicht entdeckt werden konnte. Im Betrieb wurde dann die gegen die Heizgase hin gelegene Blechhälfte heißer, als das auf der Wasserseite liegende Material (infolge des mangelhaften Zusammenhanges war die Wärmeleitung beeinträchtigt). Die mit der Erwärmung verknüpfte Ausdehnung wird schließlich zu der aus Abb. 3 ersichtlichen Ausbeulung geführt haben, nachdem der Zusammenhang der beiden Blechhälften im Laufe der Zeit soweit aufgehoben war, wie Abb. 4 und 5 zeigen.

Zusammenfassung.

Das Material besitzt eine Zugfestigkeit von weniger als 4100 kg/qcm[1]). Die im Betriebe eingetretene Blasenbildung ist die Folge der Verwendung von fehlerhaftem Blechmaterial, Abb. 3 bis 5.

---

[1]) Dies kann aus den Abb. 7 bis 10 geschlossen werden.

2) Blechstück aus Oberschlesien.

Blechdicke rd. 19 mm.

a) Angaben, die der Materialprüfungsanstalt gemacht worden sind.

Die (in geradegerichtetem Zustand) eingelieferten Blechtafeln gehören dem 4. und 7. (letzten) Mantelschuß eines im Jahr 1899 für 8 at Ueberdruck gebauten Zweiflammrohrkessels von 100 qm Heizfläche an. Alle 8 bis 14 Tage wurde der Kessel zum Entfernen des Schlammes abgelassen. Es besteht die Vermutung, daß hierbei manchmal der Wasserspiegel zu tief sank, und daß mit wenig vorgewärmtem Wasser nachgespeist wurde.

Die Risse befinden sich in der Mantelsohle, vergl. Abb. 11. Nach späteren Mitteilungen erwiesen sich bei der Druckprobe, die nach dem Auswechseln der beiden Schüsse vorgenommen worden ist, auch der 5. und 6. Schuß als rissig.

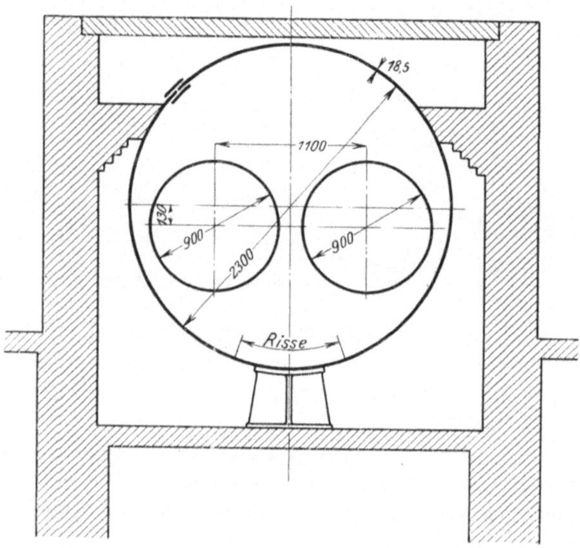

Abb. 11.

Das Hüttenwerk, das die Bleche geliefert hat, nahm, als die Risse eingetreten waren, eine Untersuchung des Materials vor. Die Probestäbe wurden bei x und y, Abb. 12, autogen herausgeschnitten. Ergebnisse für die Proben, entnommen bei x:

»Zerreißprobe	ungeglüht	3360	kg/qcm	Festigkeit,	22	vH	Dehnung,
»	»	3430	»	»	24,5	»	»
»	geglüht	3290	»	»	28	»	»

2 Hartbiegeproben ließen sich, nachdem sie rotwarm in Wasser abgekühlt waren, vollständig zusammenschlagen. Schmiede- und Lochprobe waren gut. Die Analyse zeigte, unmittelbar neben dem Riß entnommen:

Kohlenstoff	0,105	vH
Phosphor	0,029	»
Mangan	0,39	»
Schwefel	0,04	»

Aetzprobe war gut.«

Für die Proben entnommen bei y:

»Zerreißprobe ungeglüht	3380 kg/qcm	Festigkeit,	24,5	vH	Dehnung,
» »	3410 »	»	26	»	»
» geglüht	3350 »	»	29	»	»
» »	3280 »	»	32,5	»	»

Die Analyse zeigte:

Kohlenstoff	0,105 vH
Phosphor	0,029 »
Mangan	0,38 »
Schwefel	0,036 »

Aetzprobe war gut.«

Sodann heißt es in dem Bericht des Hüttenwerkes weiter: »Aus den vorstehenden Untersuchungen wollen Sie ersehen, daß das Material als solches weiches Flußeisen ist, und zwar ein Flußeisen von außerordentlich gleichmäßiger und guter Zusammensetzung und daß also im Material selbst der Grund für das Auftreten der Risse nicht zu suchen ist, wofür ja auch schon der Umstand spricht, daß erst nach zehn- bis elfjährigem Betriebe Risse aufgetreten sind«.

b) Ergebnisse der Untersuchung in der Materialprüfungsanstalt.

Die Blechtafeln sind in Abb. 12 und 13 dargestellt. Die mit vollen Linien eingetragenen Risse durchdringen die ganze Blechdicke, während die gestrichelt

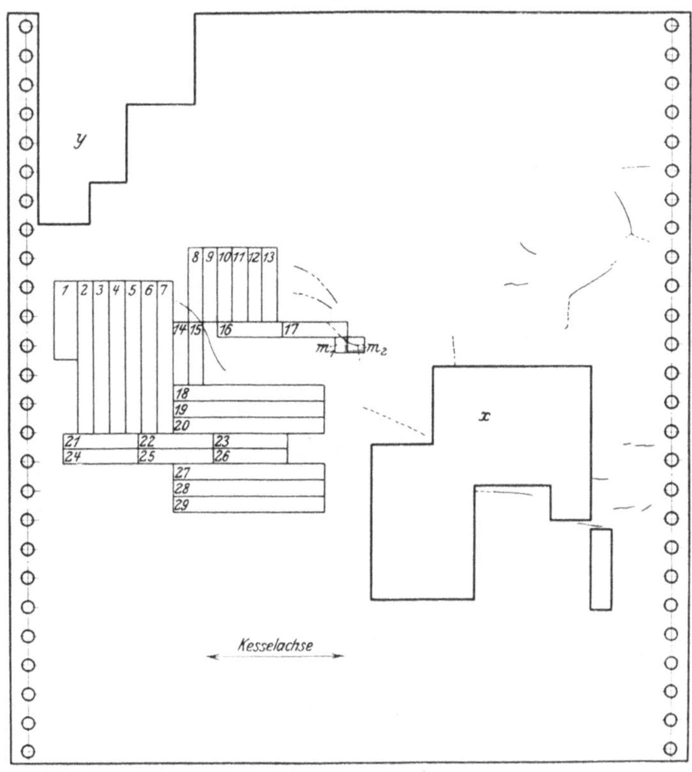

Abb. 12. Blechtafel A. Ansicht von der Wasserseite.
Zugstäbe, Einlieferungszustand: 5, 6, 7, 27, 28, 29,
» ausgeglüht: 2, 3, 4, 18, 19, 20;
Hartbiegeproben: 14, 15, 16, 17;
Schmiede und Lochprobe: 1;
Kerbschlagproben, Einlieferungszustand: 8, 10, 11, 21, 22, 23,
» ausgeglüht; 9, 12, 13, 24, 25, 26.

eingetragenen das Blech nur teilweise durchsetzen, ausgehend von der Feuerseite.

Die Tafel *B* war in dem Gebiete zwischen den beiden in Abb. 13 gestrichelt gezeichneten Linien mit zahlreichen, zum Teil tiefen Rostnarben und Anfressungen behaftet.

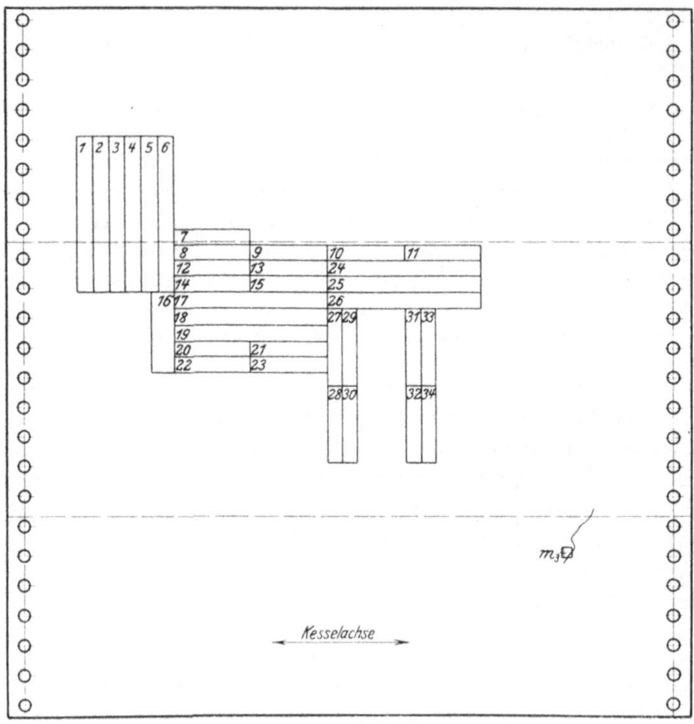

Abb. 13. **Blechtafel *B*.** Ansicht von der Wasserseite.
Zugstäbe, Einlieferungszustand: 4, 5, 6, 17, 18, 19;
» ausgeglüht: 1, 2, 3, 24, 25, 26,
Hartbiegeproben: 28, 34, 7, 8, 9, 10, 11, 14, 22;
Schmiede und Lochprobe: 16;
Kerbschlagproben, Einlieferungszustand: 27, 29, 30, 20, 21, 23;
» ausgeglüht: 31, 32, 33, 12, 13, 15.

Ergebnisse der Zugversuche.

Blechtafel *A*, Abb. 12.

	senkrecht zur Kesselachse	parallel zur Kesselachse
im Einlieferungszustand:		
Zugfestigkeit kg/qcm	$\frac{3383 + 3386 + 3383}{3} = 3384$	$\frac{3374 + 3439 + 3435}{3} = 3416$
Bruchdehnung [1]) vH	$\frac{26{,}2 + 28{,}0 + 29{,}6}{3} = 27{,}9$	$\frac{31{,}2 + 27{,}2 + 27{,}3}{3} = 28{,}6$
Querschnittverminderung vH .	$\frac{68{,}8 + 67{,}6 + 65{,}3}{3} = 67{,}2$	$\frac{59{,}4 + 54{,}2 + 61{,}0}{3} = 58{,}2$
im ausgeglühten Zustand:		
Zugfestigkeit kg/qcm	$\frac{3252 + 3193 + 3247}{3} = 3231$	$\frac{3281 + 3272 + 3274}{3} = 3267$
Bruchdehnung [1]) vH	$\frac{32{,}2 + 34{,}8 + 26{,}9}{3} = 31{,}3$	$\frac{31{,}5 + 31{,}7 + 31{,}3}{3} = 31{,}5$
Querschnittverminderung vH .	$\frac{71{,}3 + 69{,}3 + 70{,}1}{3} = 70{,}2$	$\frac{63{,}5 + 64{,}9 + 63{,}9}{3} = 64{,}1$

[1]) **Meßlänge** $l = 11{,}3\,\sqrt{f} = 200$ mm.

Blechtafel *B*, Abb. 13.

	senkrecht zur Kesselachse	parallel zur Kesselachse
im Einlieferungszustand:		
Zugfestigkeit kg/qcm	$\frac{3350 + 3388}{2} = 3369$	$\frac{3448 + 3419 + 3450}{3} = 3439$
Bruchdehnung [1]) vH	$\frac{31{,}6 + 30{,}7}{2} = 31{,}2$	$\frac{28{,}5 + 28{,}8 + 28{,}2}{3} = 28{,}5$
Querschnittverminderung vH .	$\frac{67{,}8 + 66{,}6}{2} = 67{,}2$	$\frac{61{,}1 + 59{,}7 + 61{,}9}{3} = 60{,}9$
im ausgeglühten Zustand:		
Zugfestigkeit kg/qcm	$\frac{3406 + 3348 + 3375}{3} = 3376$	$\frac{3338 + 3319 + 3347}{3} = 3335$
Bruchdehnung [1]) vH	$\frac{33{,}4 + 36{,}0 + 32{,}2}{3} = 33{,}9$	$\frac{31{,}0 + 29{,}9 + 31{,}2}{3} = 30{,}7$
Querschnittverminderung vH .	$\frac{68{,}3 + 68{,}7 + 68{,}9}{3} = 68{,}6$	$\frac{60{,}6 + 60{,}6 + 60{,}6}{3} = 60{,}6$

Die Zugfestigkeit liegt dem Wert 3400 kg/qcm, der in den Allgemeinen polizeilichen Bestimmungen als untere zulässige Grenze bezeichnet ist, nahe, sogar unter demselben; im ausgeglühten Zustand haben 5 von 6 Stäben zu geringe Festigkeit ergeben, ganz wie bei den von dem Hüttenwerk vorgenommenen Versuchen. Die Angabe des letzteren, daß das Material ein gutes sei, trifft also nicht zu; das Material ist minderwertig.

Schmiede- und Lochprobe

wurde bestanden.

Bei der

Hartbiegeprobe

ist Streifen 14 der Blechtafel *B*, gebogen derart, daß die Wasserseite Zugbeanspruchung erfuhr, gebrochen, wie Abb. 14 zeigt.

Die übrigen Streifen haben die Hartbiegeprobe bestanden.

Bei Stab 14 aus Blech *A* sowie bei Stab 22 und 34 aus Blech *B* sind Anrisse auf der Innenseite an der Stelle eingetreten, die zunächst auf Druck und nach Anlage der Schenkel auf Zug beansprucht ist.

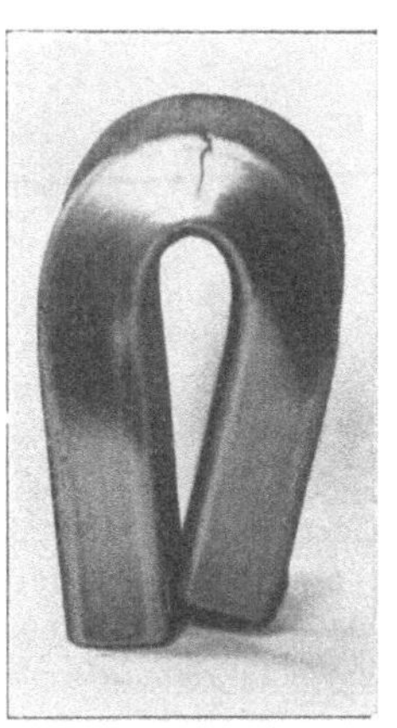

Abb. 14. Blech Nr. 2. Hartbiegeprobe.

Kerbschlagproben.

Zum Bruch verbrauchten (Stäbe nach Abb. 1) mkg/qcm

die Stäbe der Blechtafel *A*

	senkrecht zur Kesselachse	parallel zur Kesselachse
im Einlieferungszustand . . .	$\frac{19{.}5 + 18{,}6 + 16{,}4}{3} = 18{,}2$	$\frac{7{,}9 + 8{,}1 + 8{.}8}{3} = 8{,}3$
im ausgeglühten Zustand . .	$\frac{21{,}2 + 15{,}4 + 17{,}0}{3} = 17{,}9$	$\frac{11{,}5 + 10{,}6 + 9{,}2}{3} = 10{,}4$

die Stäbe der Blechtafel *B*

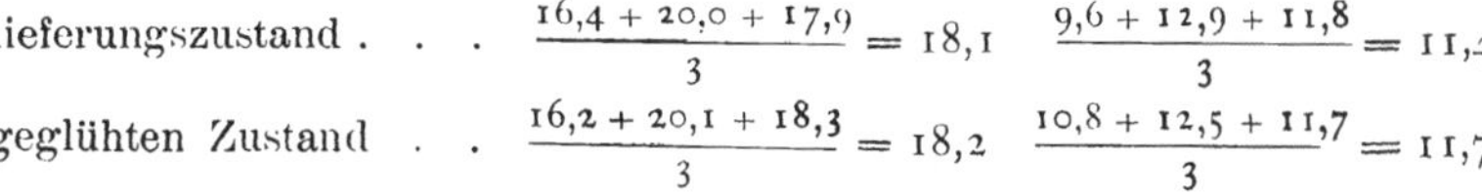

	senkrecht zur Kesselachse	parallel zur Kesselachse
im Einlieferungszustand . . .	$\frac{16{,}4 + 20{,}0 + 17{,}9}{3} = 18{,}1$	$\frac{9{,}6 + 12{,}9 + 11{,}8}{3} = 11{,}4$
im ausgeglühten Zustand . .	$\frac{16{,}2 + 20{,}1 + 18{,}3}{3} = 18{,}2$	$\frac{10{,}8 + 12{,}5 + 11{,}7}{3} = 11{,}7$

Diese Werte erscheinen für Kesselbleche nicht gering, im Vergleich zu dem, was an solchen sonst schon ermittelt wurde.

---

[1]) Meßlänge $l = 11{,}3\sqrt{f} = 200$ mm.

Zur metallographischen Untersuchung wurden die Stücke m_1 und m_2 der Tafel *A* entnommen und auf den durch Strichlage hervorgehobenen Flächen geschliffen, poliert sowie geätzt.

Abb. 15 gibt das Aussehen des Querschnittes von Stück m_2 wieder und zeigt die zahlreichen, von der Wasser- und von der Feuerseite ausgehenden Risse.

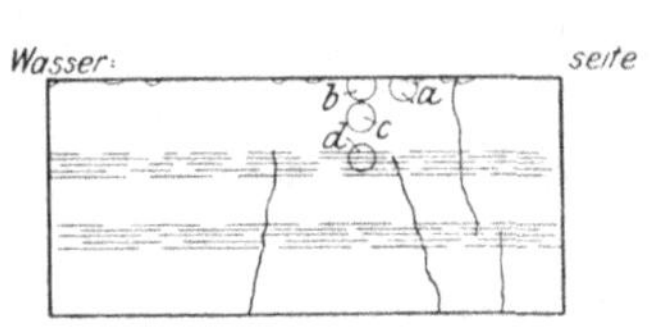

Abb. 15. Stück m_2, Abb. 12.

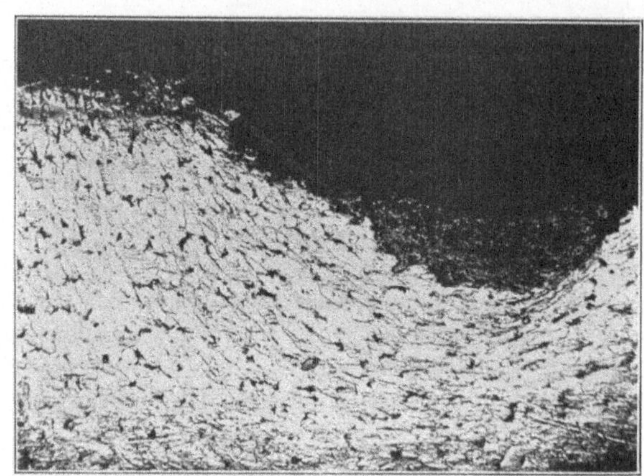

Abb. 16. Stelle *a*, Abb. 15. $V = 75$.

Abb. 16 (Vergrößerung 75fach) gibt die Stelle *a*, Abb. 15, wieder, an der ein vom Abklopfen des Kesselsteines herrührender Hieb vorhanden ist. Die Zerquetschung des Materials zeigt sich deutlich an der Streckung der Körner; sie pflegt eine mehr oder weniger bedeutende Verminderung der Zähigkeit zu bewirken (vergl. hierüber die Arbeit von C. Bach in der Zeitschrift des Vereines deutscher Ingenieure 1911 S. 1296).

Abb. 17, 18 und 19 (Vergrößerung 75fach) geben das Gefüge an den Stellen bei *b*, *c* und *d*, Abb. 15, wieder. Bei *d*, Abb. 19, sind außer den hellen Eisenkörnern noch dunkle Bestandteile (Perlit), die vom Kohlenstoffgehalt des Materials herrühren, sowie graue, längliche und runde Einschlüsse von verschiedener Größe vorhanden, die aus Schlackenstoffen bestehen.

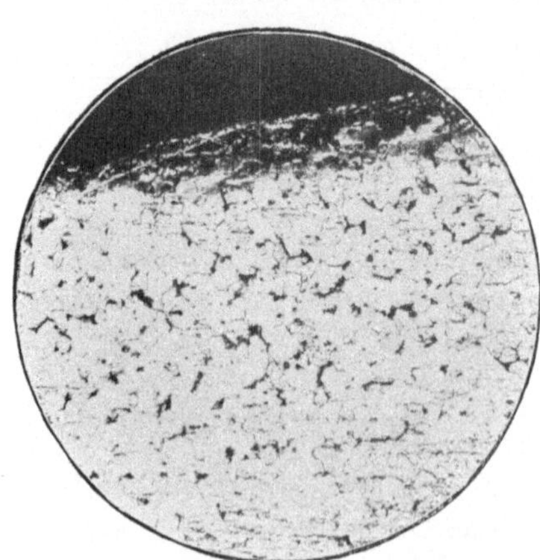

Abb. 17. Stelle *b*, Abb. 15. $V = 75$.

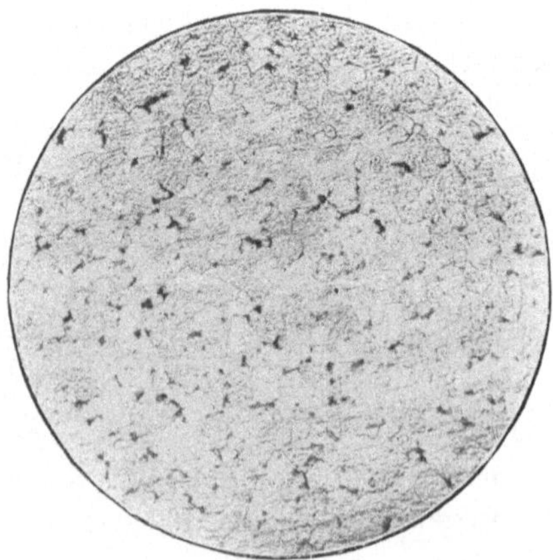

Abb. 18. Stelle *c*, Abb. 15. $V = 75$.

Bei *c* sind die dunkeln Perlit-Inseln weit weniger zahlreich. Dies erklärt sich aus dem Umstand, der der Kohlenstoff seigert, d. h. sich beim Erstarren des Blockes, aus dem das Blech gewalzt wird, nahe der Mitte anreichert. Der Rand des Materials enthält deshalb stets mehr oder minder weniger Kohlenstoff als die Mittelzone.

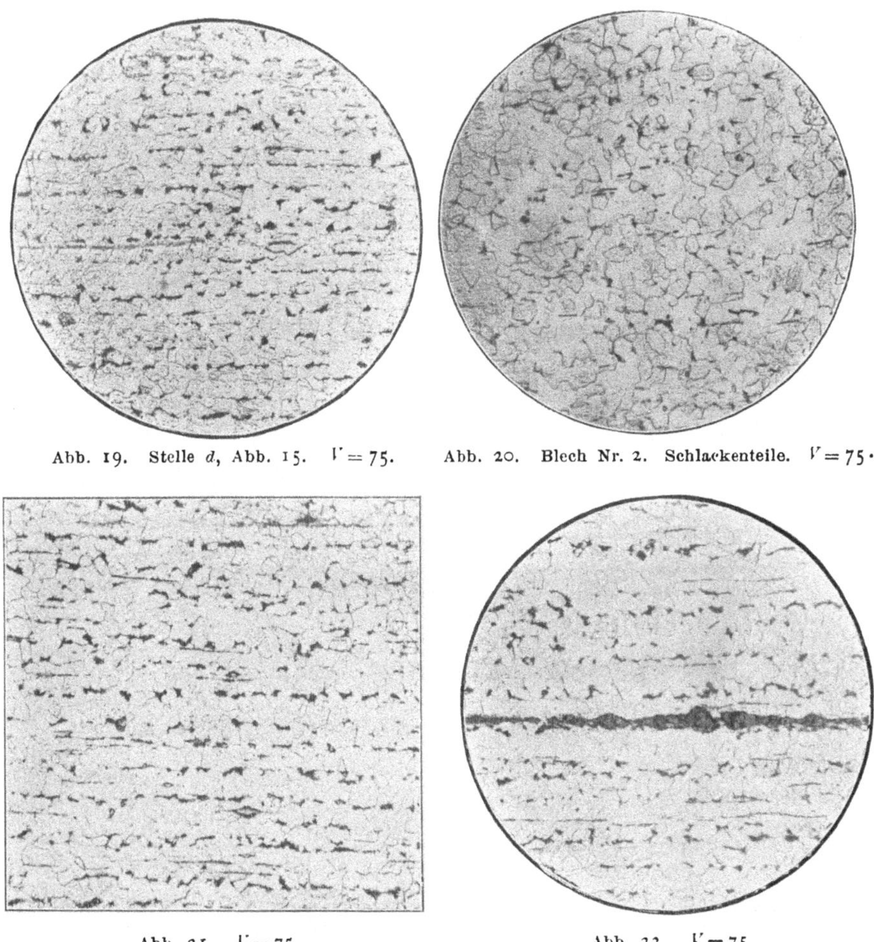

Abb. 19. Stelle *d*, Abb. 15. $V = 75$.

Abb. 20. Blech Nr. 2. Schlackenteile. $V = 75$.

Abb. 21. $V = 75$.

Abb. 22. $V = 75$.

Bei *b* sind im Widerspruch hierzu wieder mehr Perlit-Inseln zu beobachten. Längs des ganzen Randes des untersuchten Blechstückes auf der Wasserseite ist — auf die Tiefe von allerdings nur etwa ½ mm — eine solche Anreicherung von Kohlenstoff vorhanden. Auf der Feuerseite ist diese Erscheinung ebenfalls, aber weit weniger ausgeprägt, beobachtet worden.

Abb. 20 und 21 (Vergrößerung 75fach) geben das Gefüge einer Stelle der Randschicht und der Mittelzone von Stück m_1 wieder. Bemerkenswert erscheinen auf beiden Abbildungen die langgestreckten, zahlreichen Schlackeneinschlüsse, die zum Teil sehr klein sind.

In Abb. 22 ist eine Stelle unweit des Randes von Stück m_3 (Abb. 13, Tafel *B*) abgebildet. Auch hier sind zahlreiche Schlackenteile zu erkennen.

Eine Zunahme des Kohlenstoff-(Perlit-)Gehaltes nahe der Walzhaut konnte nicht beobachtet werden.

Zusammenfassung.

1) Die Zugfestigkeit des Materials liegt unterhalb der in den deutschen Materialvorschriften bezeichneten unteren Grenze von 3400 kg/qcm. Die Angabe des Hüttenwerkes, daß das Material gut ist, trifft deshalb nicht zu.

2) Bei der Hartbiegeprobe ist ein Streifen gebrochen.

3) Die Tafeln weisen starke Hiebnarben auf der Wasserseite auf.

4) Das Material enthält viele Schlackenteile.

Die eingetretene Rißbildung kann mit den vorstehend unter 1 bis 4 enthaltenen Feststellungen in Zusammenhang gebracht werden. Inwieweit der Kessel kalt aufgespeist und dadurch geschädigt worden ist, muß dahingestellt bleiben.

3) Tenbrinkfeuerrohr.

Blechdicke rd. 17 mm.

An der Krempe oberhalb des Rostendes zeigten sich parallel zur Achse des Feuerrohres verlaufende Spalten. Einen Querschnitt durch die rissige Stelle gibt Abb. 23 wieder. Derselbe stammt von Stück m_1, Abb. 24 und 25 (vergl. auch Abb. 26 und 27 hinsichtlich der Lage der Stücke im Feuerrohr). Abb. 28 gibt die durch Strichlage hervorgehobene Stelle des Stückes m_2 wieder. Die Betrachtung durch das Mikroskop hat am Rande des letzteren (Wasserseite)

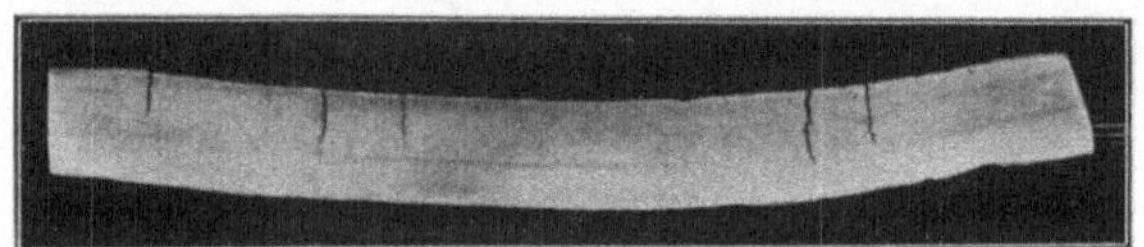

Abb. 23. Blech Nr. 3. Krempe eines Tenbrink-Feuerrohres.

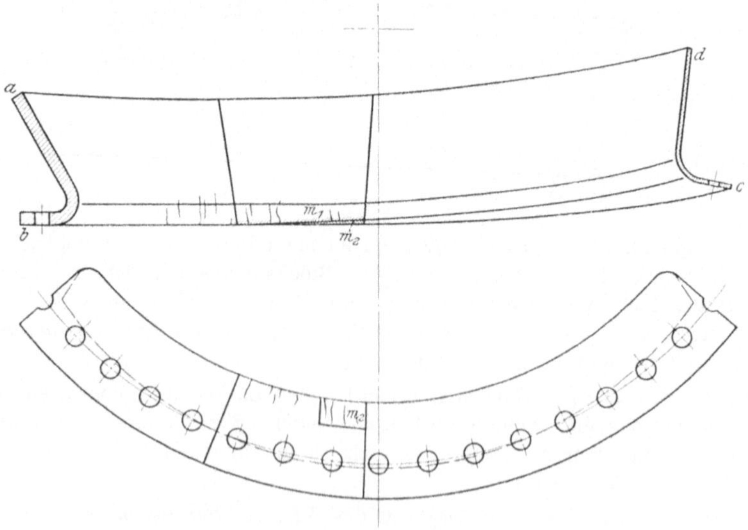

Abb. 24 und 25.

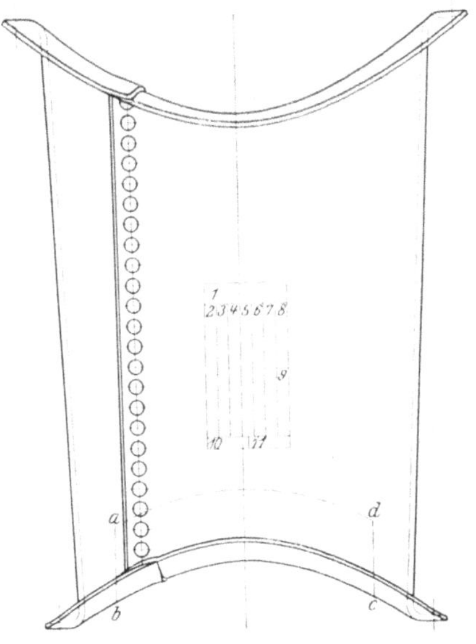

Abb. 26.
Zugstäbe, Einlieferungszustand: 2, 3, 4;
» ausgeglüht: 5, 6, 7;
Hartbiegeproben: 8, 9, 10, 11;
Schmiede und Lochprobe: 1.

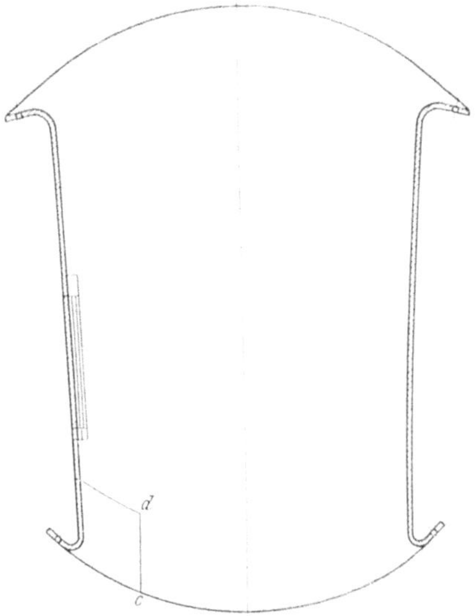

Abb. 27.

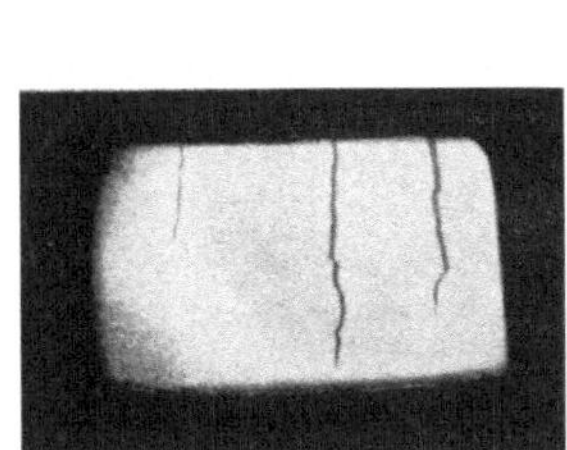

Abb. 28. Feuerseite. Stück m_2, Abb. 24. nat. Gr.

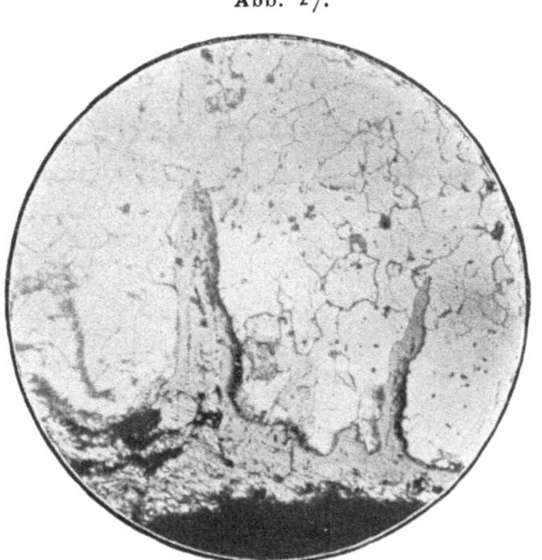

Abb. 29. Wasserseite. $V = 75$.

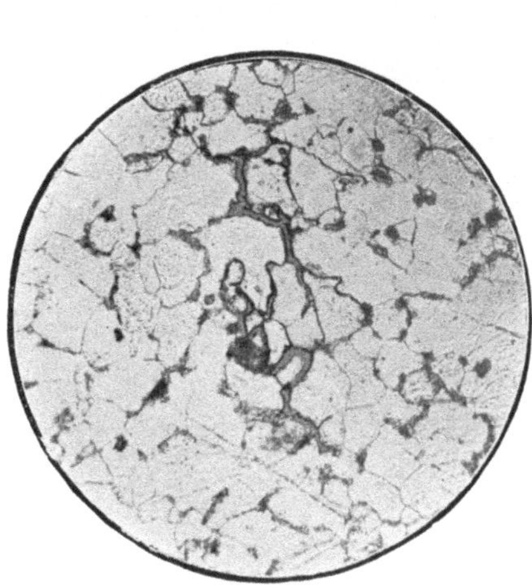

Abb. 30. $V = 150$.

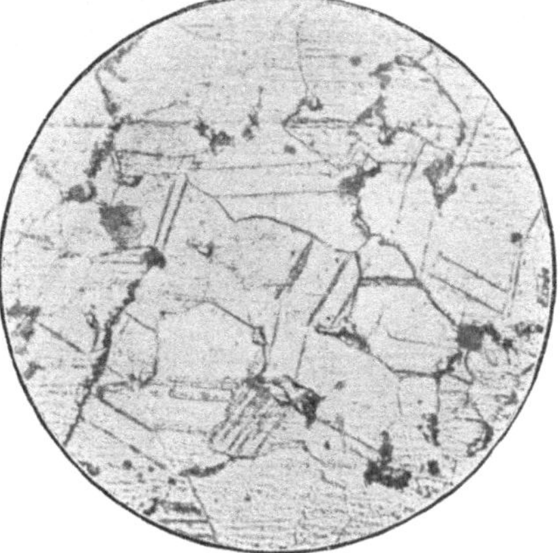

Abb. 31. $V = 150$.

Anrisse erkennen lassen, wie sie Abb. 29 zeigt. Auch im Innern des Materials wurden feine Risse beobachtet, vergl. Abb. 30 (Vergrößerung 150fach), die um die Eisenkörner herum verlaufen.

Nahe der Krempe waren die Körner größer, als an anderen Stellen, was darauf schließen läßt, daß das Material dort ziemlich warm wurde. An einer Stelle zeigte sich innerhalb der Körner Streifung entsprechend Abb. 31 (Vergrößerung 150fach), was auf stattgehabte starke Beanspruchung hindeutet.

Bei der mechanischen Prüfung ergaben sich folgende Werte:

Zugfestigkeit kg/qcm

im Einlieferungszustand $\frac{3301+3268+3266}{3} = 3278$ ausgeglüht $\frac{3263+3252+3285}{3} = 3267$

Bruchdehnung $l = 200$ mm, entsprechend $l = 11,3\sqrt{f}$ vH

im Einlieferungszustand $\frac{31,9 + 34,3 + 33,3}{3} = 33,2$ ausgeglüht $\frac{32,2 + 30,8 + 34,7}{3} = 32,6$

Querschnittverminderung vH

im Einlieferungszustand $\frac{68,6 + 70,7 + 69,0}{3} = 69,4$ ausgeglüht $\frac{68,6 + 68,1 + 67,3}{3} = 68,0$

Hartbiege-, Schmiede- und Lochprobe wurden bestanden.

Zusammenfassung.

1) Die Zugfestigkeit des Materials liegt unterhalb der zulässigen unteren Grenze von 3400 kg/qcm.

2) An der Stelle, wo die Risse eingetreten sind, ist das Gefüge grobkörnig.

Die entstandenen Risse werden in Zusammenhang gebracht werden können mit den unter 1) und 2) angeführten Feststellungen im Verein mit den Beanspruchungen, welche die rissige Stelle infolge der Aenderungen im Erwärmungszustand des Feuerrohrs im Betriebe erfahren hat.

4) Stutzen aus einer Kesselschmiede.

Blechdicke rd. 13 mm.

Der eingelieferte Stutzen ist in Abb. 32 abgebildet. Bei A ist eine unganze Stelle zu beobachten, die beim Umbördeln zutage trat, worauf die weitere Bearbeitung eingestellt wurde. Abb. 33 läßt die unganze Stelle deutlicher erkennen.

Abb. 32. Blech Nr. 4. Unganze Stelle bei A.

Ergebnisse der Zugversuche.

Zustand	Stab Nr.	Zugfestigkeit kg/qcm	Bruchdehnung vH	Querschnittverminderung vH
eingeliefert	1, 2, 3	$\frac{3581+3512+3451}{3}=3515$	$\frac{32,2+28,1+27,1}{3}=29,1$	$\frac{62,8+60,9+60,5}{3}=61,3$
ausgeglüht	6, 7	$\frac{3247+3334}{2}=3296$	$\frac{35,8+34,3}{2}=35,1$	$\frac{61,7+60,0}{2}=60,9$

Die Bruchdehnung ist gemessen auf 100 mm, bei 2,0 bis 2,9 qcm ursprünglichem Stabquerschnitt.

Schmiede- und Lochprobe wurden bestanden.

Bei der Hartbiegeprobe ist einer der 5 geprüften Streifen, wie Abb. 34 erkennen läßt, gebrochen. Bei diesem hatte die auf der Außenseite des Stutzens gelegene Oberfläche Zugbeanspruchung erfahren. Dort war das Material sehr grobkörnig, vergl. die stereoskopische Abbildung 35. Bei Stab 11 erfolgte der Bruch an einer Stelle, die zunächst auf Zug und später, nach Anliegen der Schenkel, auf Druck beansprucht war (vergl. Abb. 34); Anreißen trat noch ein zweites Mal

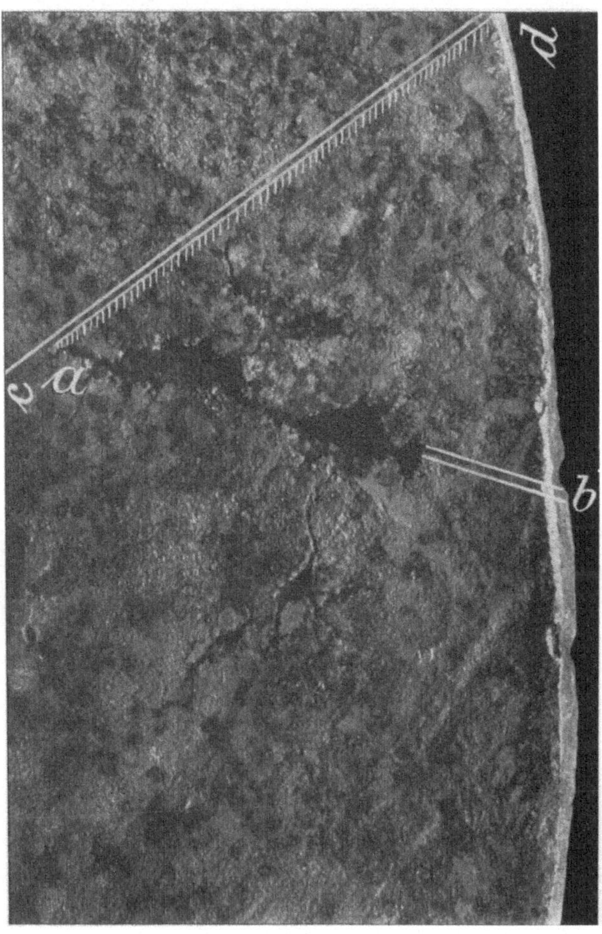

Abb. 33.

ein, als der Streifen weiter zusammengedrückt wurde. Das grobe Korn der Außenfläche macht sich durch Aufrauhung der Seitenflächen der Stäbe bemerkbar. Anreißen von der Innenseite der Biegestelle her erfolgte bei sämtlichen Streifen.

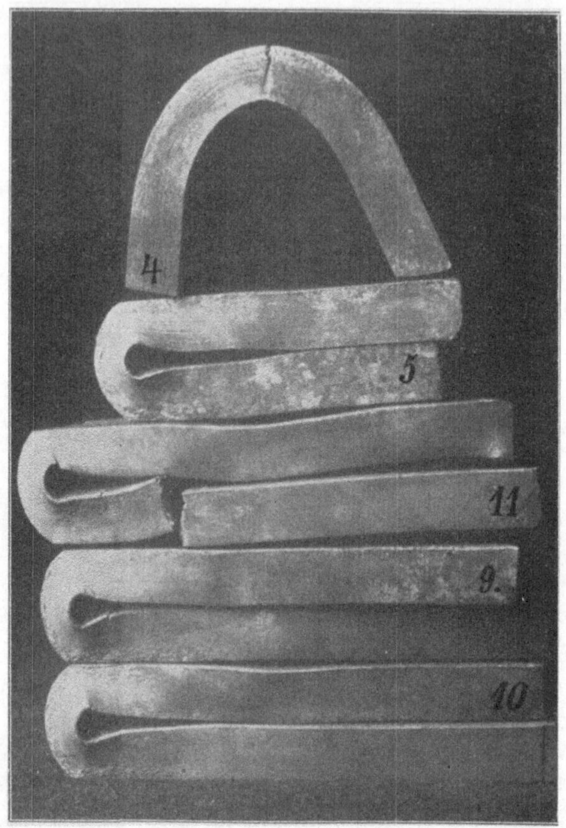

Abb. 34.

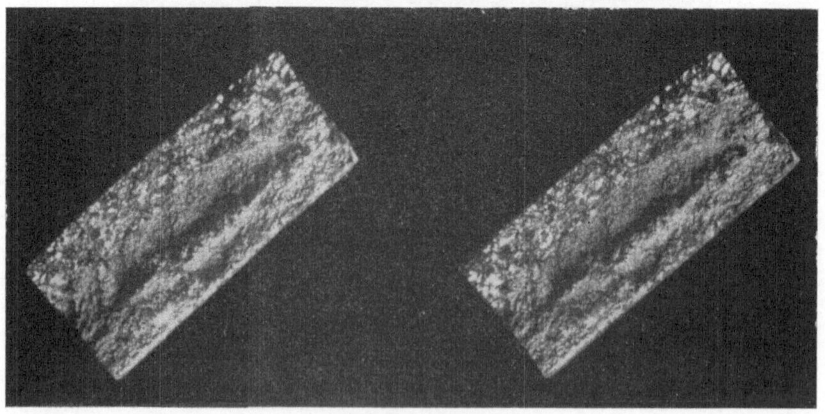

Abb. 35. 1 = 1,5.

Abb. 36. Ansicht der Fläche *a-b*, Abb. 33. $V = 1,2$.

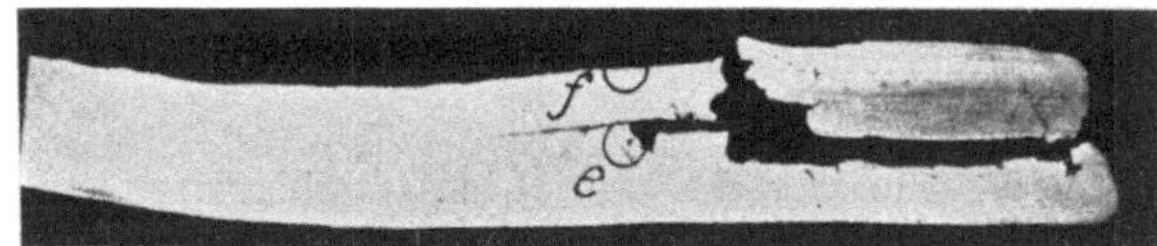

Abb. 37. Fläche *c-d*, Abb. 33.

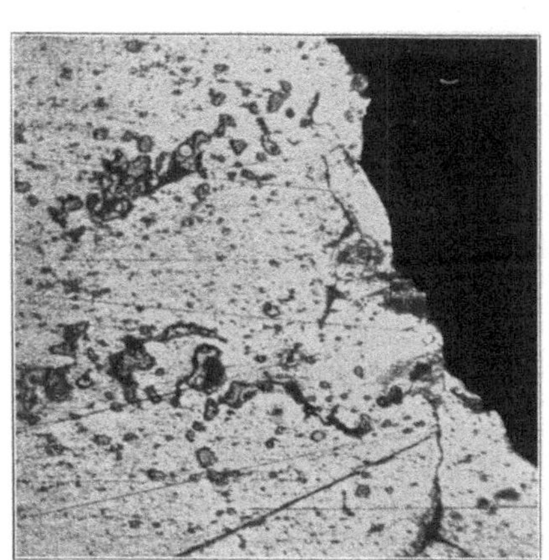

Abb. 38. Blech Nr. 4. Stelle *e*, Abb. 37. $V = 75$.

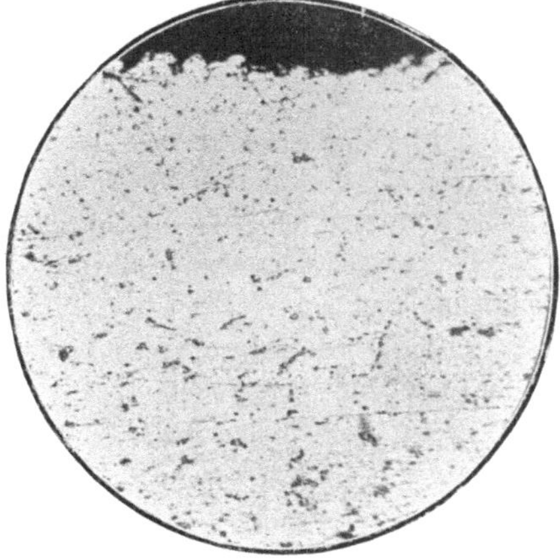

Abb 39. Stelle *f*, Abb. 37. $V = 75$.

Abb. 40. Querschnitt durch den Hartbiegestreifen 11, vergl. Abb. 34. $V = 4$.

Die deutschen Materialvorschriften schreiben vor: »Entspricht das Prüfungsergebnis den vorgeschriebenen Bedingungen nicht, so ist auf Verlangen des Werkes eine zweite Prüfung vorzunehmen, deren Ergebnis maßgebend sein soll«. Wird die Prüfung der Stäbe 5, 9, 10 und 11 als zweite Prüfung angesehen, so ist die Hartbiegeprobe als bestanden zu erklären.

Eine Ansicht der Fläche *a-b*, Abb. 33, zeigt Abb. 36. Das Blech ist in zwei Schichten gespalten.

Dies geht noch deutlicher aus Abb. 37 hervor, welche die geschliffene Fläche *c-d* (vergl. Abb. 33) wiedergibt. Die Stelle *e*, Abb. 37, ist in Abb. 38 (Vergrößerung 75 fach) abgebildet. Der Querschnitt ist dort sehr reich an Schlackenstoffen, die das Material durchsetzen.

Abb. 39 (Vergrößerung 75 fach) zeigt die Stelle *f*. Die Schlackenteile sind hier außerordentlich fein und zahlreich.

Abb. 40 läßt einen Querschnitt durch den Hartbiegestreifen 11 erkennen. Das grobe Korn am Rand tritt deutlich hervor. Dasselbe Gefügebild zeigte auch ein Probestück, das dem Stutzen im Einlieferungszustand entnommen war. Ob dieses Gefüge schon im Blech vorhanden war oder erst infolge der zum Zwecke des Bördelns erfolgten Erhitzung entstanden ist, muß dahingestellt bleiben.

Zusammenfassung.

1) Die Zugfestigkeit des Materials (im ausgeglühten Zustand, entsprechend den deutschen Materialvorschriften) liegt unterhalb der zulässigen unteren Grenze von 3400 kg/qcm.

2) Bei der Hartbiegeprobe hat einer von 5 Stäben zur Beanstandung Veranlassung gegeben.

3) Das Blech zeigt unganze Stellen und enthält in deren Nähe sehr zahlreiche grobe und feine Schlackenteile.

4) Auf der Außenseite des Stutzens zeigt das Material sehr grobes Korn.

5) Rohrwand aus einem Lokomobilkessel.

Blechdicke rd. 25 mm.

a) Angaben, die der Materialprüfungsanstalt gemacht worden sind.

Die Rohrwand, dargestellt in Abb. 41, stammt aus einem im Jahr 1900 gebauten Kessel. Sie erhielt im Betrieb Stegrisse. Die Untersuchung in der Fabrik des Antragstellers ergab für 3 Stäbe: Zugfestigkeit 33, 33, 34,1 kg/qmm; Bruchdehnung 25, 27,5, 16,5 vH.; Querschnittverminderung 60, 60, 62 vH bei Prüfung im Einlieferungszustand. Nach dem Ausglühen fand sich: Zugfestigkeit 34,1, 36,6 32,6 kg/qmm; Bruchdehnung 25, 27,5, 23,5 vH, Querschnittverminderung 62, 55, 58 vH. Bei der Kaltbiegeprobe ergab sich weder im Einlieferungszustand noch nach dem Ausglühen ein Anstand.

Die chemische Untersuchung führte zu folgender Zusammensetzung:

	nahe den Rissen	am Rand der Wand
Kohlenstoff	0,03 vH	0,029 vH
Silizium	Spur	Spur
Mangan	0,34 »	0,36 »
Phosphor	0,018 »	0,019 »
Schwefel	0,056 »	0,060 »

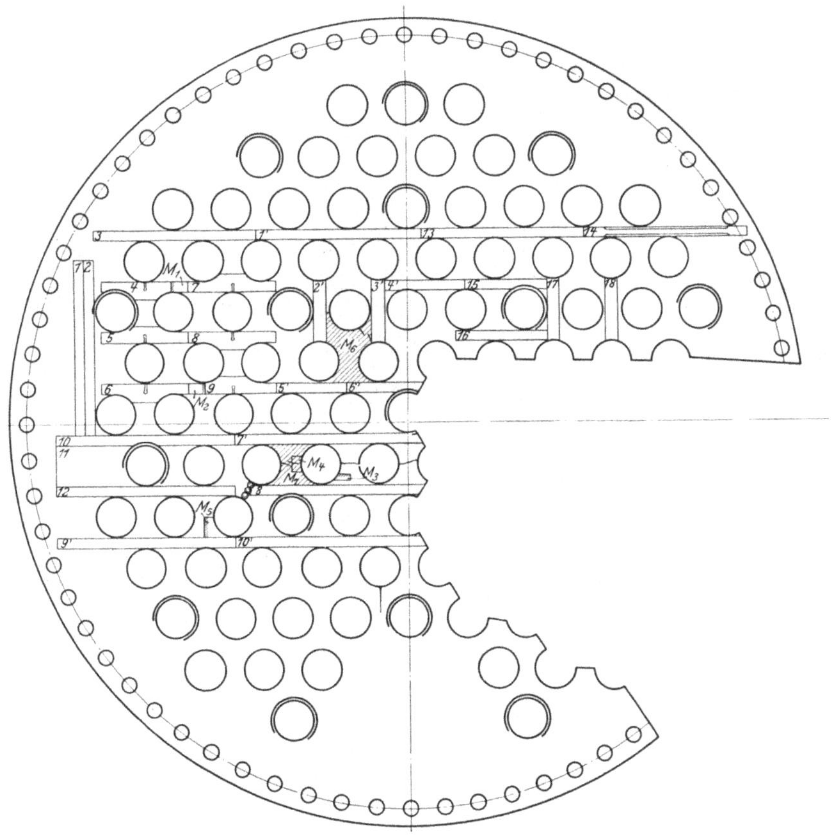

Abb. 41. Ansicht von der Feuerseite.
Zugstäbe, Einlieferungszustand: 3, 10, 13, 2;
» ausgeglüht: 12, 14, 1;
Hartbiegeproben: 15, 16, 17, 18;
Schmiede und Lochprobe: 11;
Kerbschlagproben, Einlieferungszustand: 5, 7, 9;
« ausgeglüht: 4, 6, 8.

b) Ergebnisse der Untersuchung in der Materialprüfungsanstalt.

Die in Abb. 41 durch Strichelung hervorgehobenen Ausschnitte M_6 und M_7 wurden auf der dem Feuer zugekehrt gewesenen Seite überhobelt, worauf die vorher nicht sichtbaren Risse deutlich zutage traten, wie Abb. 42 und 43 zeigen; es handelt sich also nicht nur um Stegrisse. Das Aussehen nach Schleifen, Polieren und Aetzen des Teilstückes M_4 von Stück M_7 gibt Abb. 44 (Vergrößerung 4 fach) wieder. Der Vergleich der Abb. 43 und 44 läßt erkennen, daß schon einfaches Ueberhobeln vorhandene Risse sehr deutlich zum Ausdruck bringt. (Ähnlich wirkt Überfeilen mit einer groben Feile; auch Seigerungen treten bei dieser einfachen Behandlung ziemlich deutlich hervor.)

Abb. 45 (Vergrößerung 6 fach) zeigt die weitgehende Verästelung des Risses auf der durch Strichelung bezeichneten Querschnittfläche des Stückes M_3. Bemerkenswert scheint auch, daß der Beginn des Risses mit der Furche bei *a* in Zusammenhang stehen dürfte.

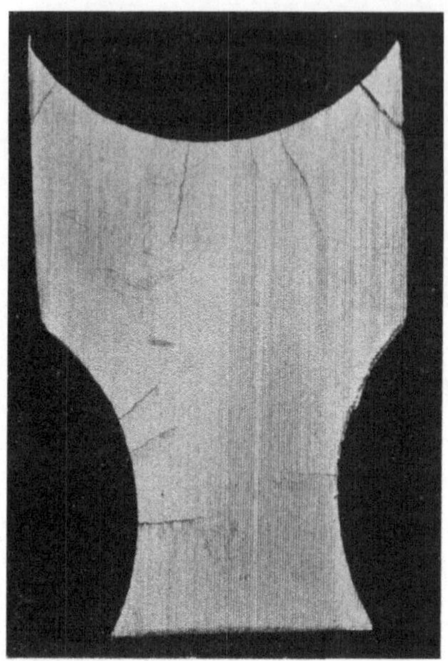

Abb. 42. Stück M_6, Abb. 41, überhobelt.

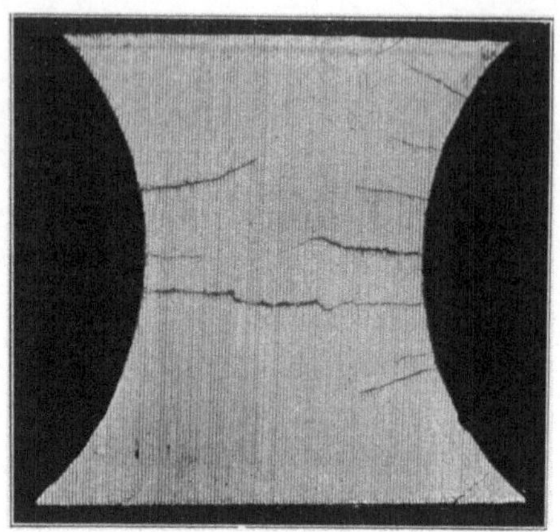

Abb. 43. Blech Nr. 5. Lokomotivkessel-Stegrisse. $V = {}^3/_4$.

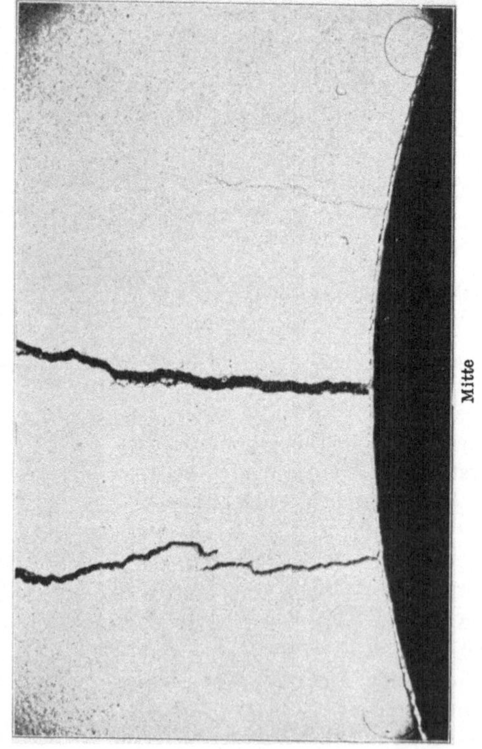

Abb. 44. Stück M_4, Teil von Abb. 43. $V = 4$.

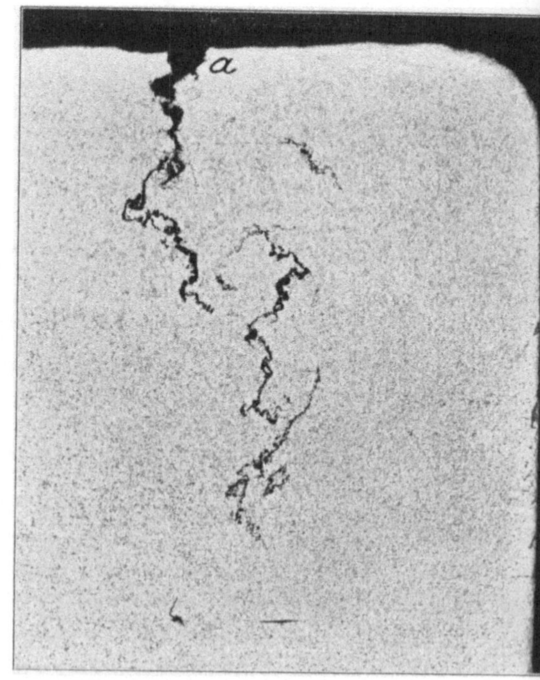

Abb. 45. Stück M_3, Abb. 41. $V = 6$.

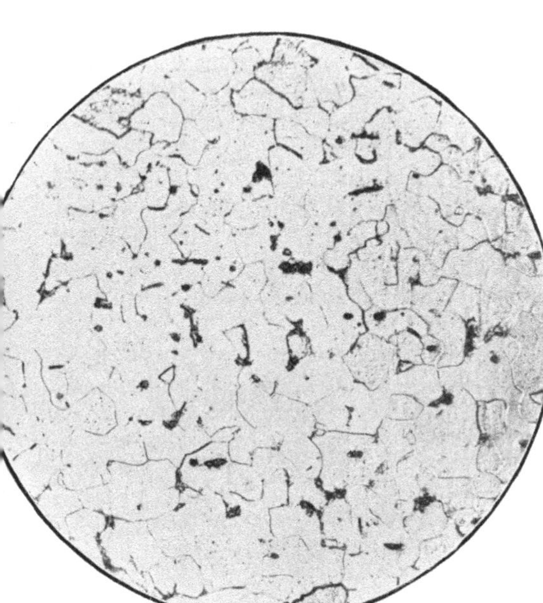

Abb. 46. Aus Stück M_3, Abb. 41. $V = 150$.

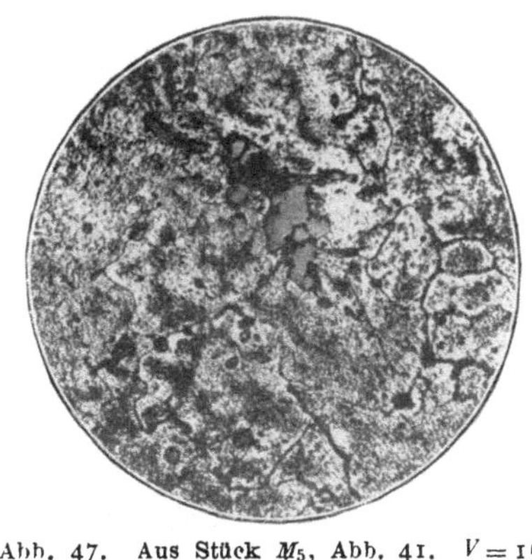

Abb. 47. Aus Stück M_5, Abb. 41. $V = 150$.

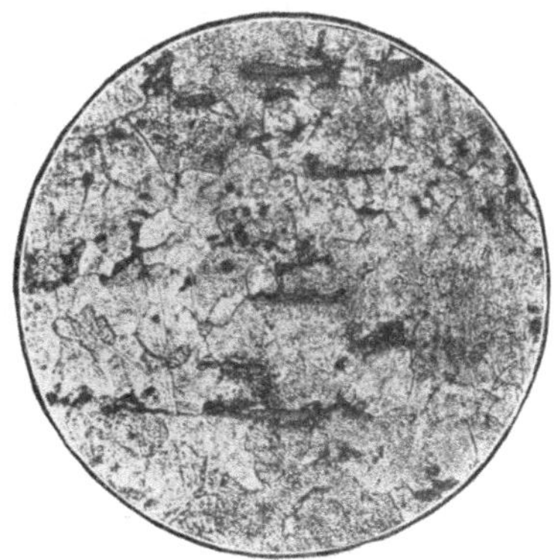

Abb. 48. Aus Stück M_5, Abb. 41. $V = 150$.

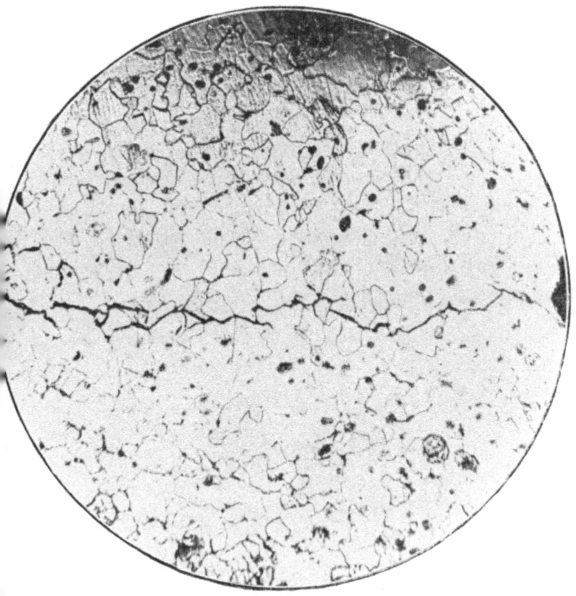

Abb. 49. Aus Stück M_4, Abb. 41. $V = 75$.

Lochrand.

Abb. 50. $V = 150$.

Sämtliche untersuchten Stücke ließen erkennen, daß das Material an Schlacken sehr reich ist. Als Beispiele dienen Abb. 46, herrührend von Stück M_3 sowie Abb. 47 und 48, herrührend von Stück M_5 (Vergrößerung je 150fach).

Für den Rißverlauf kennzeichnend ist Abb. 49 (Vergrößerung 75fach) aus Stück M_1. Am rechten Rande ist die Zerquetschung zu sehen, die vom Einwalzen der Rohre herrührt. Deutlicher zeigt die Zerquetschung Abb. 50 (Vergrößerung 150fach), von demselben Stück herrührend.

Diese Zerquetschung reicht bis auf nicht unbeträchtliche Tiefe (s. u.), sie erfolgt mehr oder weniger nachdrücklich bei allen Rohrböden mit eingewalzten Rohren und führt in der Nähe des Lochrandes eine Verminderung der Zähigkeit des Materials herbei. Während gutes Material dies verträgt, ohne daß Risse entstehen, können bei geringerer Güte oder Beschaffenheit Risse die Folge sein, wie es hier der Fall ist.

Abb. 51 zeigt, wie ein am Lochrand entnommenes Stück bei der Biegung durchgebrochen ist. Der dunkle Teil der Bruchfläche rührt von einem Anriß her. Der letztere hat jedenfalls das Durchbrechen wesentlich begünstigt, doch

Abb. 51.

erscheint das Aussehen der Bruchfläche für ein Material von so geringer Zugfestigkeit trotzdem bemerkenswert.

Bei der mechanischen Prüfung ergaben sich folgende Werte. Der Verwendungszweck der einzelnen Stäbe ist bei Abb. 41 angegeben; die mit Strichen versehenen Streifen mußten ausgeschlossen werden, weil sich nach der Entnahme Anrisse zeigten, welche vorher nicht zu beobachten waren. In Abb. 41 sind jedenfalls bei weitem nicht alle vorhandenen Risse eingezeichnet, sondern nur diejenigen, welche bei der Einlieferung beobachtet worden sind.

	im Einlieferungszustand	nach dem Ausglühen
Zugfestigkeit kg/qcm	3299 (Stab 2)	3188 (Stab 1)
ferner:	$\frac{3373 + 3362 + 3348}{3} = 3361$	$\frac{3327 + 3210}{3} = 3269$
Bruchdehnung vH auf 200 mm bei rd. 3,14 qcm Stabquerschnitt		
	27,0 (Stab 2)	29,5 (Stab 1)
sowie	$\frac{17{,}5 + 20{,}6 + 24{,}9}{3} = 21{,}0$	$\frac{31{,}5 + 35{,}0}{2} = 33{,}3$
Querschnittverminderung vH	67,2 (Stab 2)	67,5 (Stab 1)
und	$\frac{68{,}0 + 66{,}7 + 67{,}4}{3} = 67{,}4$	$\frac{68{,}3 + 68{,}5}{2} = 68{,}4.$

Die im Einlieferungszustand geprüften Stäbe haben sich in der Nähe jeder Rohröffnung weniger gestreckt. Abb. 52, in welcher über die Stablänge die an jeder Stelle entstandene Dehnung, berechnet aus der Querschnittverminderung, aufgezeichnet ist, veranschaulicht dies. Hieraus erklärt sich, daß die Probekörper eine geringere Bruchdehnung aufweisen, sofern sie in der Nähe der Rohröffnung entnommen sind. Da der Abstand zwischen der Oberfläche der

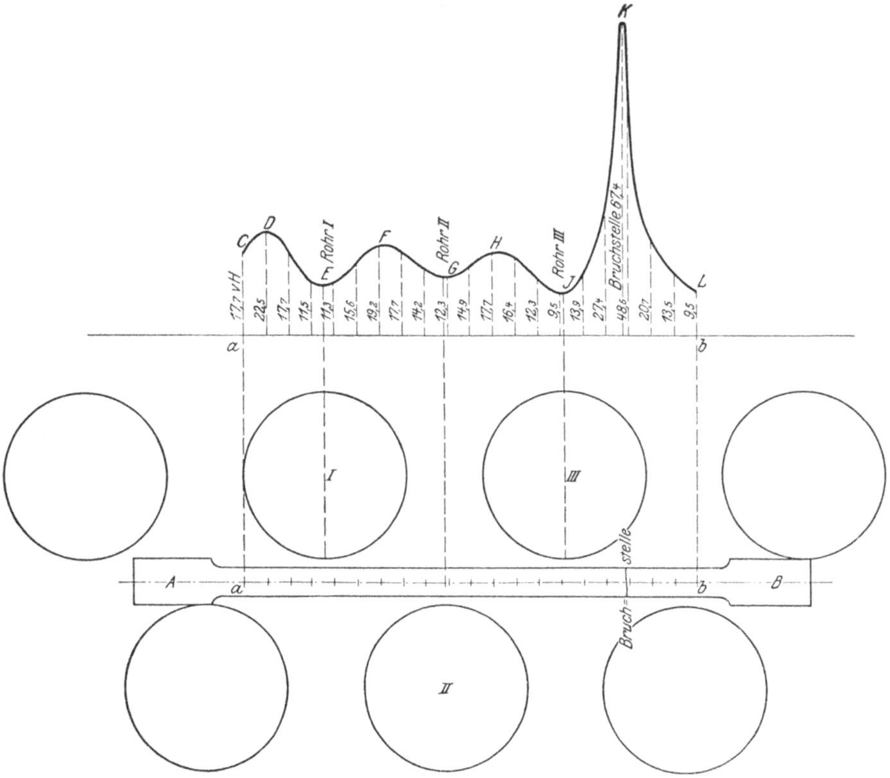

Abb. 52. Zugstab aus der Rohrwand eines Lokomobilkessels. Linie der Querschnittverminderung.

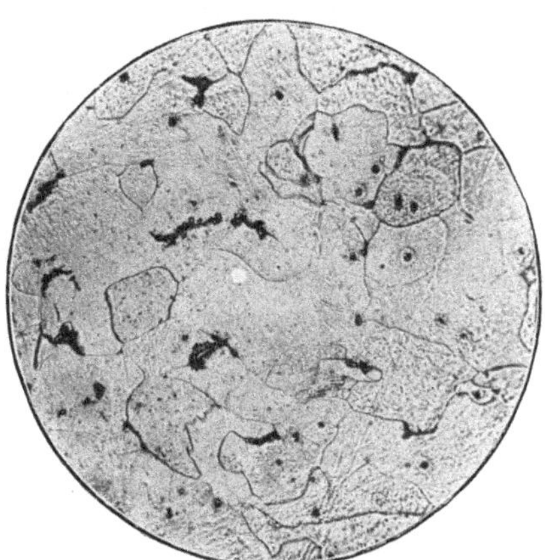

Abb 53. Stück M_2, Abb. 41. $V = 150$. Kerbschlagprobe 9, Einlieferungzustand: $A = 1{,}5$ mkg/qcm.

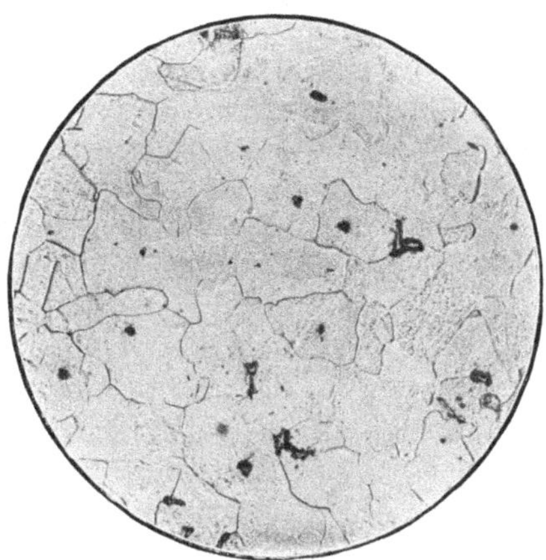

Abb. 54. Stück M_1, Abb. 41. $V = 150$. Kerbschlagprobe 4, ausgeglüht: $A = 14{,}2$ mkg/qcm.

Stäbe und der Bohrung des Loches mehrere Millimeter beträgt, so läßt Abb. 52 auch erkennen, daß die Wirkung des Einwalzens sich auf nicht unbeträchtliche Tiefe erstreckt, was auch ganz begreiflich erscheint. Näheres s. C. Bach, Z. 1913, S. 461 u. f.

Hartbiege-, Schmiede- und Lochprobe wurden bestanden.

Bei der Kerbschlagprobe (Stäbe nach Abb. 1) wurden zum Bruch verbraucht

im Einlieferungszustand . . . $\frac{1,7 + 1,6 + 1,5}{3} = 1,6$ mkg/qcm

nach dem Ausglühen . . . . $\frac{14,2 + 12,7 + 11,1}{3} = 12,7$ mkg/qcm.

Abb. 53 und 54 (Vergrößerung 150fach) zeigen je ein Gefügebild des Kerbschlagstabes 9 im Einlieferungszustand (Abb. 53) und 4 nach dem Ausglühen (Abb. 54). Sie deuten im Verein mit den Ergebnissen der Kerbschlagprobe darauf hin, daß das Material im Einlieferungszustand ungünstige Behandlung erfahren hatte. Abb. 53 und 54 zeigen ebenfalls die vielen Schlackenteile, von denen das Material durchsetzt ist.

Zusammenfassung.

1) Das Material besitzt eine Zugfestigkeit, welche die untere zulässige Grenze von 3400 kg/qcm unterschreitet.

2) Bei der Kerbschlagprobe wurden im Einlieferungszustand sehr geringe Arbeitsmengen zum Bruch verbraucht.

3) Das Material enthält sehr viele Schlackenteile.

4) Der Einfluß der mit dem Einwalzen der Rohre verbundenen Zerquetschung des Materials reicht in nicht unbeträchtliche Tiefe.

Die eingetretene Rißbildung kann mit den unter 1) bis 4) gemachten Feststellungen in Zusammenhang gebracht werden.

6) Kesselblech aus Württemberg.

Blechdicke rd. 10 mm.

Das in gerade gerichtetem Zustand eingelieferte, in Abb. 55 dargestellte Blech stammt von letzten Schuß des mittleren der 3 Oberkessel eines mehrfachen Walzenkessels mit Tenbrinkvorlage, der für $8^1/_2$ at Ueberdruck bestimmt und im Jahre 1901 erbaut war.

Die Risse entstanden am Scheitel zwischen Bodenrundnaht und Speisestutzen; sie reichten an den Stellen, welche in Abb. 55 gestrichelt sind, nicht durch die ganze Blechdicke, waren also dort nur auf der Außenseite des Kessels vorhanden.

Die Ergebnisse der Zugversuche sind unter Abb. 55 angegeben. Danach beträgt im Durchschnitt bei gewöhnlicher Temperatur für das Material

					im Einlieferungszustand	nach dem Ausglühen	
die	Zugfestigkeit	senkrecht	zur	Kesselachse	3372	3322	kg/qcm
»	»	parallel	»	»	3386	3430	»
»	Bruchdehnung	senkrecht	»	»	24,9	27,3	vH
»	auf $l = 11,3 \sqrt{f} = 150$ mm	parallel	»	»	27,0	30,1	»
»	Querschnittverminderung	senkrecht	»	»	62,8	67,0	»
»	»	parallel	»	»	69,2	67,1	»

Die Festigkeitseigenschaften des Materials bei höherer Temperatur gehen ebenfalls aus Abb. 55 hervor. Die Bruchdehnung sinkt bereits bei 100° C von

27 auf 13,9 vH. Die Zugfestigkeit besitzt bei 200° C den vergleichsweise hohen Wert von 4239 kg/qcm. Die fünf Stäbe, mit denen die Hartbiegeprobe vorgenommen wurde, sind in Abb. 56 abgebildet. Drei davon sind gebrochen, haben also die Hartbiegeprobe nicht bestanden.

Schmiede- und Lochprobe wurden bestanden.

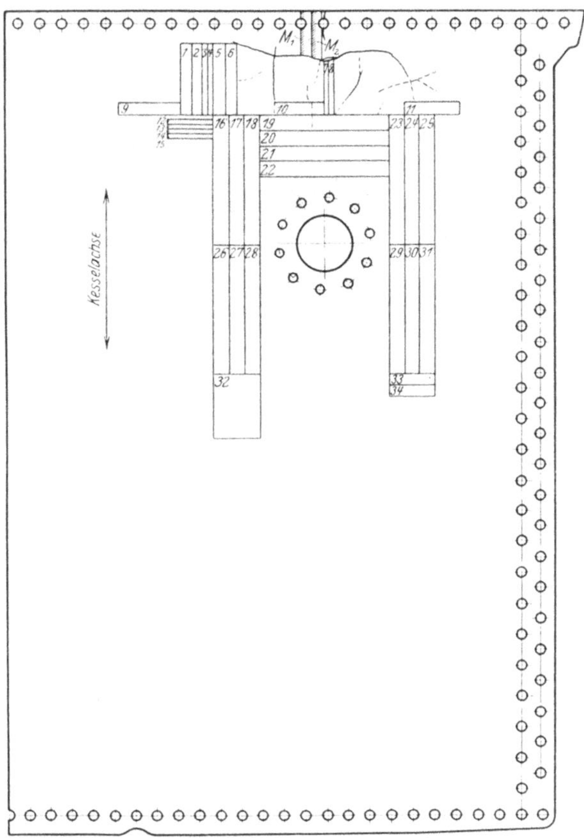

Abb. 55. Ansicht von der Feuerseite.

Zugversuche. Einlieferungszustand

Versuchstemperatur rd. 20° C.

Stab	Kz kg/qcm	φ vH	ψ vH
Zugstäbe, Einlieferungszustand			
19	—	—	—
20	3372	24,9	62,8
23	3378	27,7	68,6
29	3393	26,3	69,7
Zugstäbe, ausgeglüht			
21	3312	26,0	66,5
22	3331	28,6	67,4
18	3401	29,3	68,6
28	3458	30,9	65,5

Stab	Kz kg/qcm	φ vH	ψ vH
Versuchstemperatur 100° C.			
24	3494	14,0	60,5
30	3567	13,7	60,7
Versuchstemperatur 200° C.			
17	4218	13,7	55,2
27	4260	16,9	54,2
Versuchstemperatur 300° C.			
16	3925	25,6	57,8
25	3844	29,0	58,4

Hartbiegeproben: Stäbe 9, 10, 11, 5, 6;

Schmiede- und Lochproben: Stab 32;

Kerbschlagproben, Einlieferungszustand: Stäbe 12, 15, 7, 8;

» ausgegeglüht: Stäbe 13, 14, 3, 4;

Bei der Kerbschlagprobe wurden zum Bruch verbraucht (Stäbe nach Abb. 2)

im Einlieferungszustand . . . . $\frac{4,9 + 3,9 + 6,7 + 7,1}{4} = 5,7$ mkg/qcm

nach dem Ausglühen mehr als . . . . . $\frac{10,8 + 8,4 + 7,7 + 9,9}{4} = 9,2$ mkg/qcm.

Die im ausgeglühten Zustand geprüften Stäbe sind nicht vollständig durchgebrochen; sie sind in Abb. 57 abgebildet. Bei der metallographischen Untersuchung zeigte sich, daß das Material ziemlich viele feine und gröbere Schlackenein-

Abb. 56.

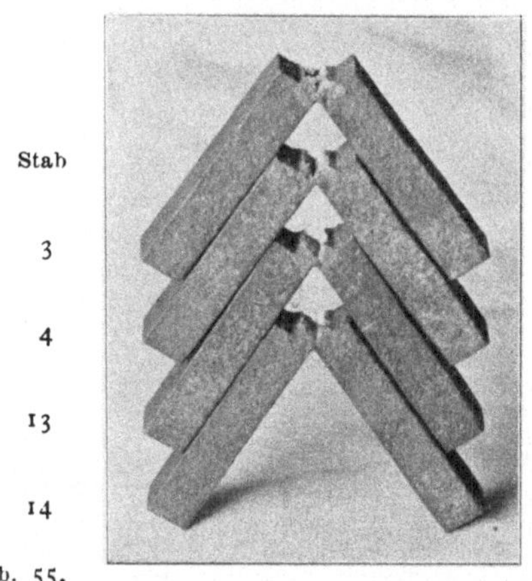

Abb. 57.

schlüsse enthält. Der Kohlenstoffgehalt ist sehr gering. Anzeichen für stärkere Seigerung sowie für stattgehabte ungünstige Wärmebehandlung fehlen. Die Nietlöcher sind entweder gebohrt oder soweit ausgerieben oder ausgebohrt, daß die Anzeichen für etwa stattgehabtes Stanzen nicht mehr zu erkennen sind.

Zusammenfassung.

1) Die Zugfestigkeit des Materials liegt der zulässigen unteren Grenze von 3400 kg/qcm nahe, z. T. etwas unter derselben.

2) Von fünf geprüften Stäben sind bei der Hartbiegeprobe drei gebrochen.

3) Das Material enthält gröbere und feinere Schlackeneinschlüsse in größerer Menge.

Für die eingetretene Rißbildung werden die Ursachen in den vorstehend unter 1) bis 3) angeführten Feststellungen zu suchen sein.

7) Blech aus einem Schiffsdampfkessel[1]).

Blechdicke rd. 15 mm.

a) Angaben, die der Materialprüfungsanstalt gemacht worden sind.

Das eingelieferte Stück stammt aus der Rückwand der hinteren Rauchkammer eines Schiffsdampfkessels, der im Jahre 1895 erbaut worden war. Als der bei *b*, Abb. 58, sitzende Stehbolzen zum Zwecke des Ausbohrens angekörnt wurde, riß die Platte von *b* bis *c* durch. Dieser Riß wurde auf Antrag der

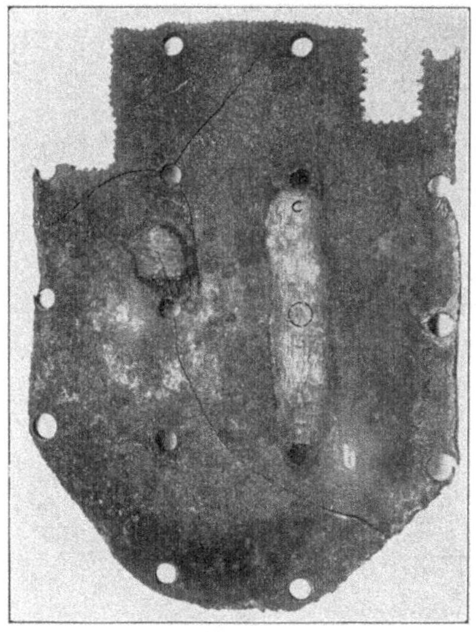

Abb. 58. Rauchkammerrückwand, nach dem Schweißen zersprungen.

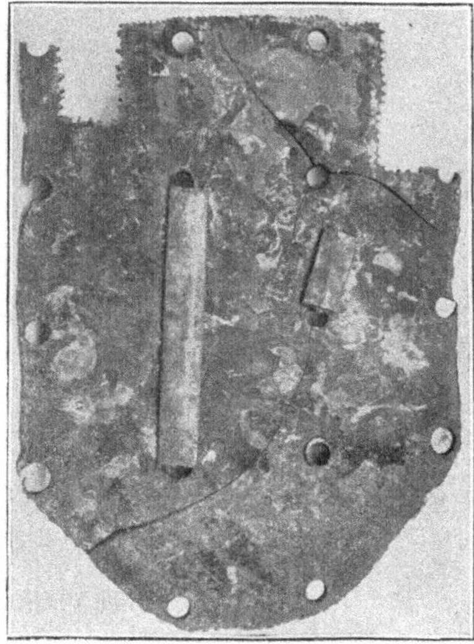

Abb. 59.

Reederei elektrisch verschweißt, abgeklopft und sodann ein alter, bei *a* vorhandener Riß, der 1908 entstanden und abgebohrt worden war, verschweißt. Beim Behauen dieser Schweißstelle bildeten sich die in der Abbildung ersichtlichen Risse.

b) Ergebnisse der Untersuchung in der Materialprüfungsanstalt.

Abb. 58 und 59 zeigen das Blechstück, wie es eingeliefert wurde, und zwar gibt Abb. 58 die der Besichtigung im Kessel zugängliche Seite, Abb. 59 die Rückseite wieder. Um ein Durchfließen des eingeschmolzenen Eisens zu verhindern, waren, wie Abb. 59 zeigt, Flacheisenstücke unterlegt worden. Die entnommenen Zugstäbe und die Ergebnisse ihrer Prüfung gehen aus Abb. 60 hervor. Danach beträgt im Durchschnitt

---

[1]) Ueber die Untersuchung dieses Bleches ist bereits dem Internationalen Verband der Dampfkesselüberwachungsvereine berichtet worden. Vergl. das Protokoll der Sitzung desselben zu Konstanz, 1911 S. 30 u. f.

	im Einlieferungszustand	nach dem Ausglühen
die Zugfestigkeit kg/qcm	3463	3393
» Bruchdehnung vH auf 100 mm (Stabquerschnitt 2,4 qcm)	34,8	33,7
» Querschnittverminderung vH	65,3	66,2

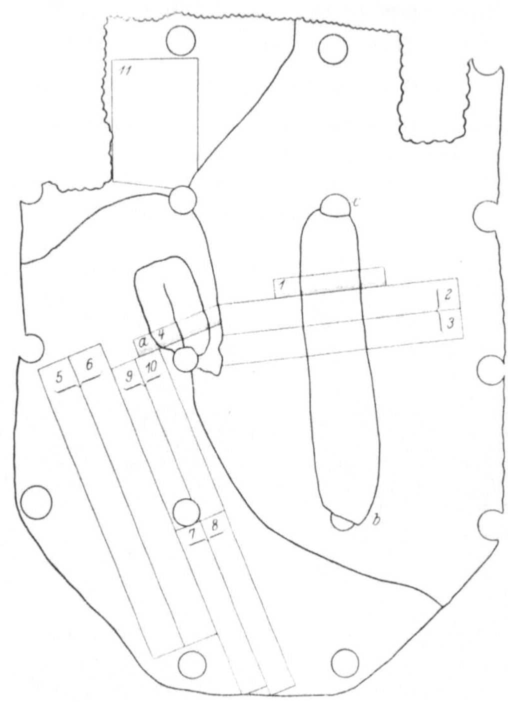

Abb. 60.

Stab:		K_z	φ	ψ
1, 4	Metallographische Untersuchung			
2, 3	Biegeversuche Schweißstelle			
5, 6	Zugversuche . . . . Einlieferungszustand	3470 kg/qcm 3455 »	32,1 vH 37,5 »	65,7 vH 24,9 »
7, 8	Zugversuche . . . . ausgeglüht	3391 » 3395 «	32,3 » 35,9 »	65,1 » 67,3 »
9, 10	Hartbiegeproben, bestanden			
11	Schmiede- und Lochprobe, bestanden.			

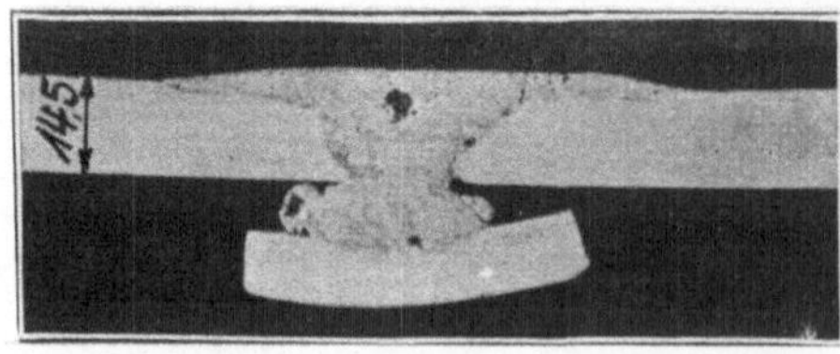

Abb. 61.
Querschnitt durch die Schweißung, überhobelt.

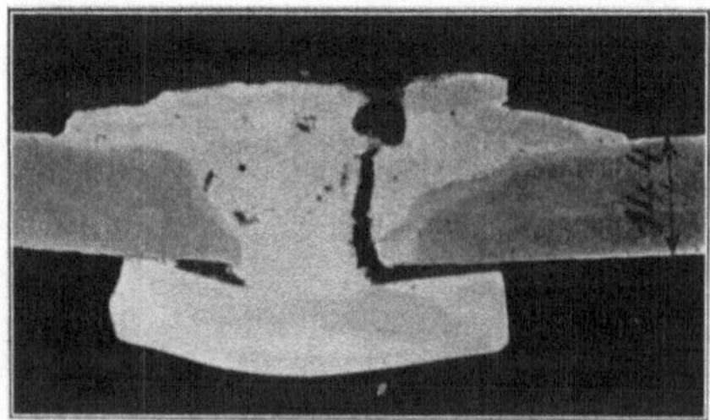

Abb. 62. Querschnitt durch die Schweißung. Flacheisenstücke verhindern das Ausfüllmaterial am Durchfließen.

Hartbiege-, Schmiede- und Lochprobe sind bestanden worden.

Bei der Kaltbiegeprobe brachen die der Schweißung entnommenen Stäbe nach sehr geringer Biegung. Einen Querschnitt durch die Schweißstelle zeigt Abb. 61 (nach Ueberhobeln) und Abb. 62 (geschliffen und geätzt). An dem Gefüge des Bleches ist Besonderes nicht zu beobachten gewesen.

Zusammenfassung.

1) Die Zugfestigkeit des Materials liegt der unteren in den deutschen Materialvorschriften festgesetzten Grenze von 3400 kg/qcm nahe, sogar etwas unterhalb derselben. (Es sind der Vorschrift gemäß die ausgeglühten Stäbe zugrunde zu legen.)

2) Es erscheint besonders beachtenswert, daß das hier vorliegende Material in der aus Abb. 58 und 59 ersichtlichen Weise zum Reißen gebracht werden konnte.

3) Die Ursache des Aufreißens der Tafel dürfte in dem Vorgehen bei Ausführung der Schweißung zu suchen sein. Vergl. hierüber die Darlegungen in Heft 83/84 der Mitteilungen über Forschungsarbeiten, insbesondere S. 34 u. f. daselbst.[1])

8) Kesselblech aus Bayern.

Blechdicke rd. 12 mm.

a) Angaben, die der Materialprüfungsanstalt gemacht worden sind.

Der eingelieferte Blechstreifen ist in Abb. 63 dargestellt. Er entstammt dem mittleren Schuß des rechtsseitigen Flammrohrs eines Zweiflammrohrkessels von 43 qm Heizfläche, erbaut 1898 für 8 at Ueberdruck und besitzt zahlreiche Risse, die von den Nietlöchern ausgehen. Diese Risse sind entdeckt worden, als der Kessel nach Erneuerung der vorderen Flammrohrschüsse zur Wasserdruckprobe vorbereitet wurde.

b) Ergebnisse der Untersuchung in der Materialprüfungsanstalt.

	im Einlieferungszustand	nach dem Ausglühen
Zugfestigkeit kg/qcm . . .	$\frac{3390 + 3404 + 3434}{3} = 3409$	$\frac{3430 + 3417 + 3460}{3} = 3436$
Bruchdehnung vH auf 120 mm (Stabquerschnitt 1,14 qcm)	$\frac{23,3 + 25,5 + 23,8}{3} = 24,2$	$\frac{31,7 + 29,7 + 29,2}{3} = 30,2$
Querschnittverminderung .	$\frac{67,5 + 68,4 + 67,5}{3} = 67,8$	$\frac{67,5 + 66,7 + 67,3}{3} = 67,2$

Hartbiege-, Schmiede- und Lochprobe wurden bestanden.

Abb. 64 zeigt den Querschnitt *m-m*, Abb. 63, und läßt die eigenartige Form, die das Blech in der Nähe des Nietloches aufweist, erkennen. Die Nietverbindung wird danach die in Fig. 65 skizzierte Gestalt besessen haben, die auf bedeutende Biegungsbeanspruchung beim Lochen (s. u.), beim Nieten, beim Verstemmen und im Betriebe schließen läßt.

Abb. 66 zeigt den linken Rand des Nietloches in Abb. 64. Die im Blech vorhandenen Schichten sind stark nach unten gebogen. Die Löcher sind also gestanzt, und zwar mit einer Matrize, die bedeutend weiter war als der Stempel.

---

[1]) Nach einer kürzlich erhaltenen Mitteilung wurde bei der Ausführung der Schweißung dem Verlangen des Schweißers nach Entfernung einer Anzahl von Stehbolzen in der Nähe der Schweißstelle nicht entsprochen, durch welche Unterlassung dem Entstehen größerer Spannungen Vorschub geleistet worden wäre.

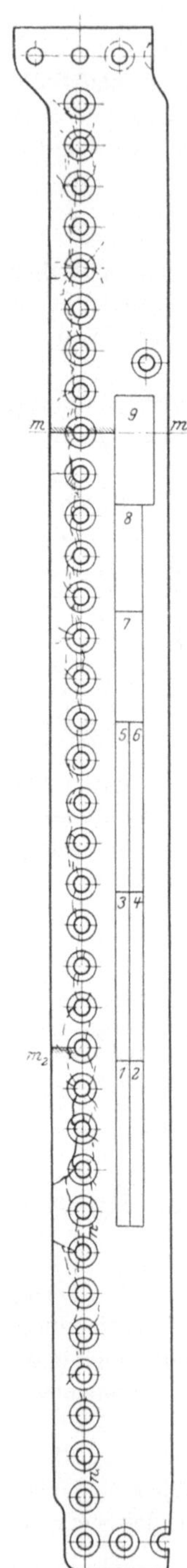

Abb. 63. Ansicht von der Feuerseite.

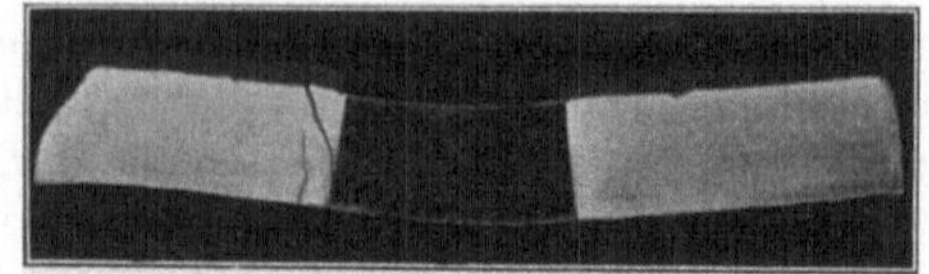

Abb. 64. Querschnitt m-m durch die Nietnaht.

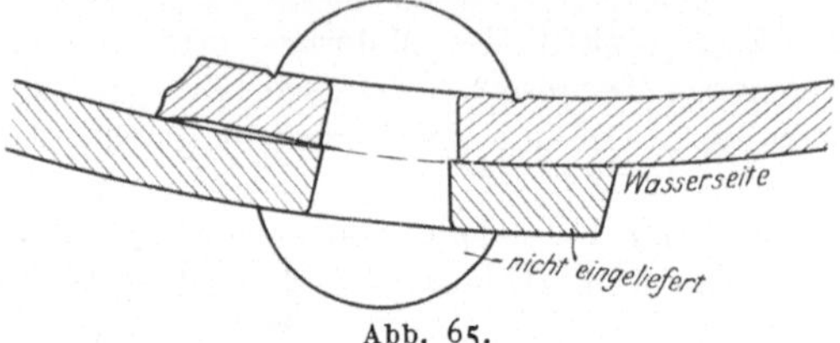

Abb. 65.

Feuerseite.

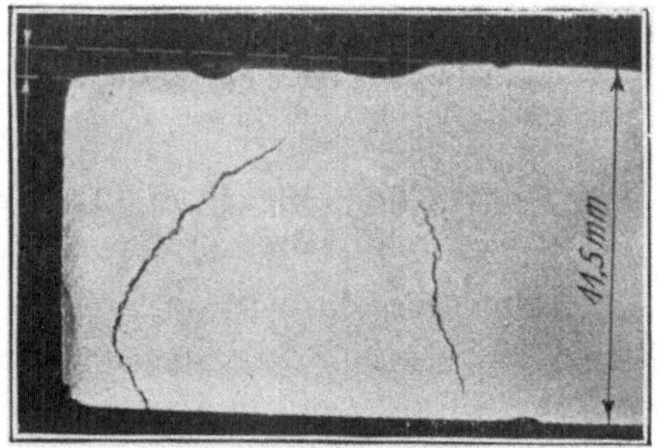

Abb. 66.
In Abb. 63 links gelegener Rand des Nietloches m_2. $V = 3$.

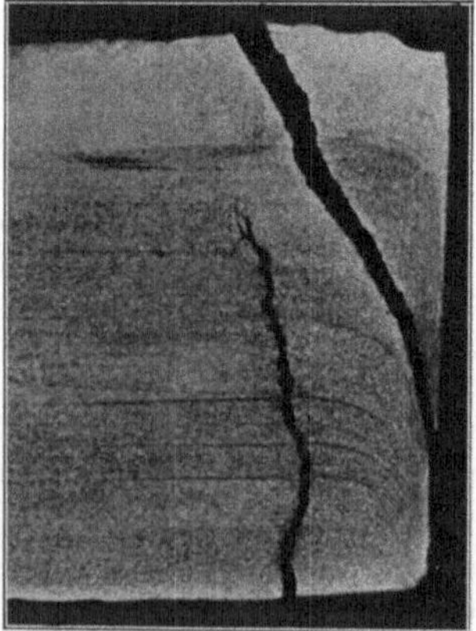

Abb. 67. Querschnitt durch ein gestanztes Nietloch. $V = 4$.

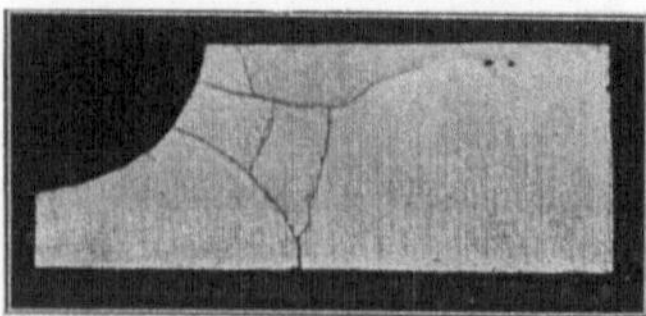

Abb. 68. Oberfläche des Bleches an einem Nietloch. $V = 1$.

Der schiefe Anriß am oberen Bildrand läuft von dem Beginn einer der umgebogenen und zerquetschten Schichten am Lochrande aus.

Abb. 67 gibt den Querschnitt durch das Nietloch m_2, Abb. 63, wieder. Die tiefe Einprägung des Nietkopfes und seines Stemmrandes treten deutlich hervor. Abb. 68 zeigt die obere Seite des in Abb. 67 abgebildeten Stückes nach leichtem Ueberhobeln mit den vorhandenen zahlreichen Rissen, die radial und tangential verlaufen.

Schlackeneinschlüsse, die auf dem Querschnitt vor dem Aetzen beobachtet wurden, sind in Abb. 69 und 70 (Vergrößerung je 150fach) abgebildet. Sie durchsetzen das Material vollständig. Nach dem Aetzen erwies sich das Gefüge

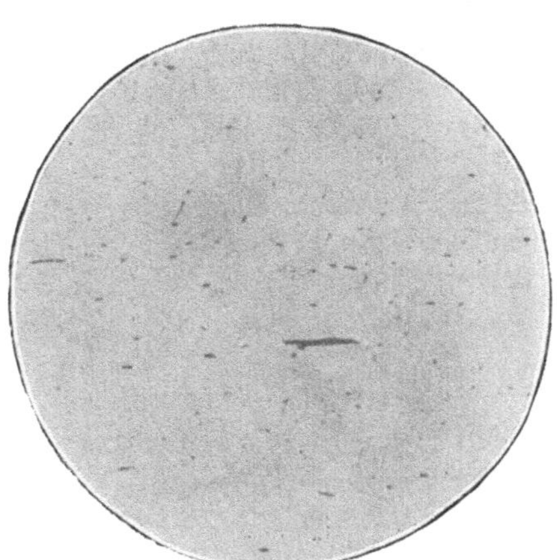

Abb. 69. Ungeätzt; Schlackenteile. $V = 150$.

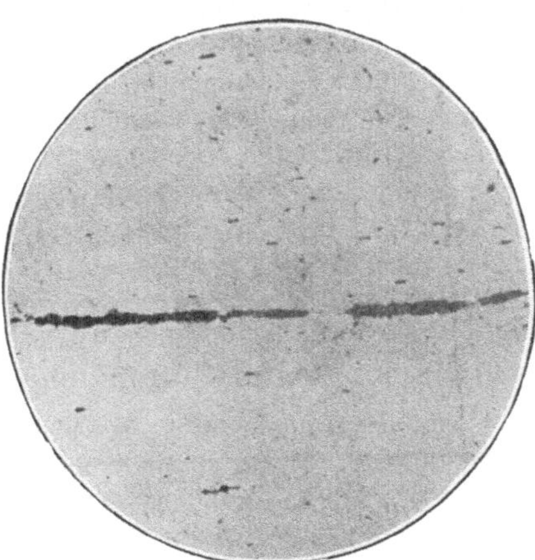

Abb. 70. Ungeätzt; Schlackenteile. $V = 150$.

Abb. 71. Schnitt *n-n* in Abb. 63. $V = 0{,}4$.

fast frei von Perlit, d. h. den dunkeln Inseln, die vom Kohlenstoffgehalt herrühren. Die zahlreichen Risse, die stets von der Fläche ausgehen, auf der sich die zusammengenieteten Bleche berühren, und die beim Stanzen der Löcher Zugbeanspruchung, beim Nieten Druck- und Zugbeanspruchung, beim Verstemmen der Bleche Biegungs-Zugbeanspruchung erfuhr, verlaufen stets den Grenzen der Eisenkörner entlang. Daß die Formänderung beim Stanzen und Nieten beträchtlich war, wie sie bei guter Arbeit nicht vorkommt, geht auch aus Abb. 71 hervor, die den Längsschnitt *n-n*, Abb. 63, durch die Nietung zeigt. Die Stege zwischen je 2 Löchern weisen Ausbauchungen bis zu etwa $^3/_4$ mm Tiefe auf.

Zusammenfassung.

1) Das Blech besitzt eine Zugfestigkeit, die der unteren zulässigen Grenze von 3400 kg/qcm sehr nahe liegt (3436 kg/qcm). Es befriedigt die deutschen Materialvorschriften.

2) Das Material enthält zahlreiche Schlackeneinschlüsse.

3) Die Nietlöcher sind gestanzt und nicht ausgerieben. Die Nietverbindung weist Anzeichen dafür auf, daß bei ihrer Herstellung unsachgemäß verfahren worden ist.

Die eingetretene Rißbildung wird durch die unter 2) und 3) angeführten Feststellungen zu erklären sein.

9) Kesselblech aus der Pfalz.

Blechdicke rd. 13 mm.

a) Angaben, die der Materialprüfungsanstalt gemacht worden sind.

Die eigenartigen, aus Abb. 72 ersichtlichen, strahlenförmig von je einem Punkt ausgehenden Risse sind nach 14jährigem Betriebe plötzlich aufgetreten. (Ob hierin ein Widerspruch damit zu erblicken ist, daß die Rißränder Anzeichen für versuchtes Verstemmen aufweisen, vergl. Abb. 73, muß dahingestellt bleiben. Aehnliche Narben wurden auch, jedoch weniger ausgeprägt, an einigen anderen Stellen der Rißränder beobachtet.)

Das in gerade gerichtetem Zustand eingelieferte Blechstück stammt vom hinteren Teil eines Wellflammrohres, das einem kombinierten Kessel (Heizfläche 220 qm, Rostfläche 3,92 qm, erbaut 1896 für 9 at) angehörte, der seit einem Jahr mit Ueberhitzer versehen ist. Das Speisewasser wurde gereinigt.

b) Ergebnisse der Untersuchung in der Materialprüfungsanstalt.

Bei der Untersuchung hat sich gezeigt, daß eine überlappte Schweißnaht vorhanden ist. Dies geht nicht nur aus der Abbildung der geätzten Querschnittfläche *C-D*, Abb. 72 und 74, sondern auch aus der Untersuchung des Gefüges bei *G-H* und *E-F* hervor, an welcher Stelle das Blech gespalten war, wie Abb. 72 erkennen läßt.

Einen Teil der Fläche *E-F* zeigt Abb. 75 (Vergrößerung 3fach). Die mit *a*, *b*, *c*, *d*, *e* und *f* bezeichneten Stellen daraus sind in den Abb. 76, 77, 78, 79, 80 und 81 abgebildet (die Vergrößerung ist jeweils angegeben).

Bei *a* ist am Rande Entkohlung eingetreten (die Perlit-Inseln fehlen); bemerkenswert ist das Vorhandensein der zahlreichen, z. T. punktförmigen Oxydteile.

Bei *b* ist eine Stelle des Risses mit ungleichförmiger Verteilung des Perlits wiedergegeben.

Bei *c* treten ähnliche Erscheinungen zutage wie bei *a*; die vollständige Durchsetzung und Sättigung mit Schlackenteilen ist besonders ausgeprägt; dasselbe zeigt die Stelle *d*.

Die Abbildung der Stelle *e* zeigt, im Vergleich mit *d*, wie bedeutend und plötzlich der Gehalt an Kohlenstoff (Perlit) sich ändert.

An der Stelle bei *f* treten verzweigte Oxydeinschlüsse hervor; auch hier zeigt sich die Veränderlichkeit des Perlitgehaltes.

Ganz ähnliche Bilder ergeben sich beim Schnitt *G-H*. Abb. 82 gibt eine Stelle nahe der Blechoberfläche und den dieser dort parallel verlaufenden Riß (vergl. Abb. 84), Abb. 83 eine solche vom anderen Ende (Querschnittsmitte) wieder.

Auf die Beschaffenheit des Bleches bei der zuletzt betrachteten Stelle läßt auch die stereoskopische Abbildung 84 schließen, welche das Stück von der Rückseite darstellt, und die Fläche, nach der Spaltung eingetreten ist, zeigt.

An den Nietlöchern waren Anzeichen dafür, daß sie durch Stanzen hergestellt sind, nicht zu beobachten.

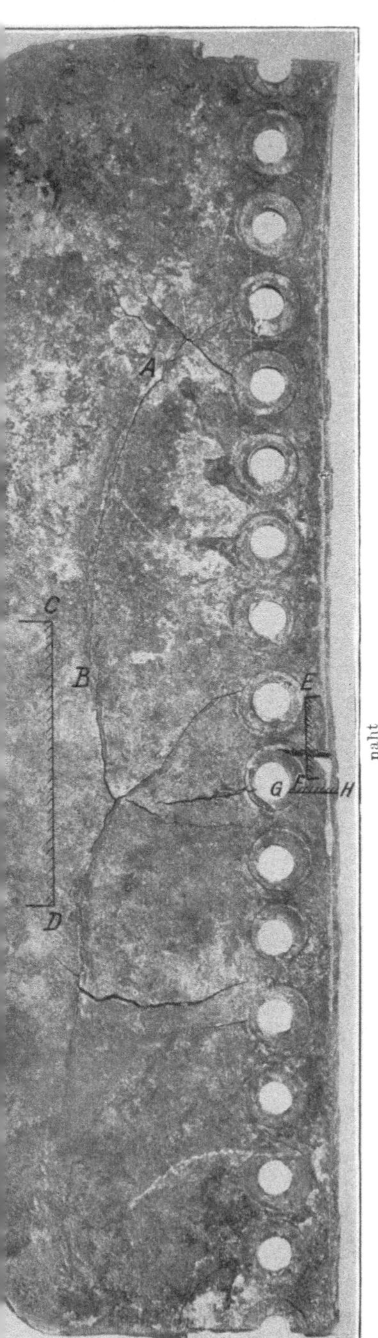

Abb. 72.

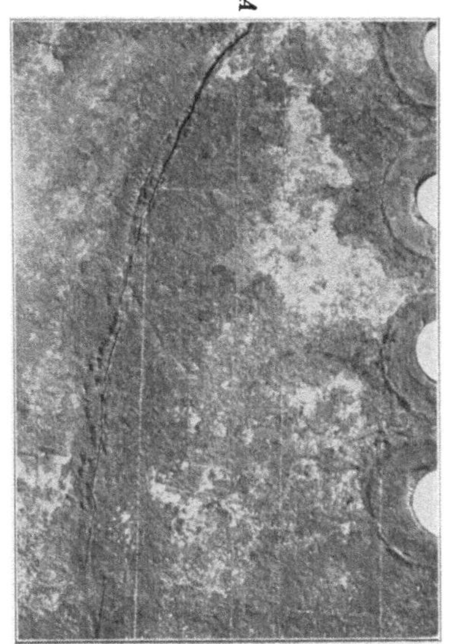

Abb. 73. Teil aus Abb. 72. Anzeichen für versuchtes Verstemmen bei *A-B*.

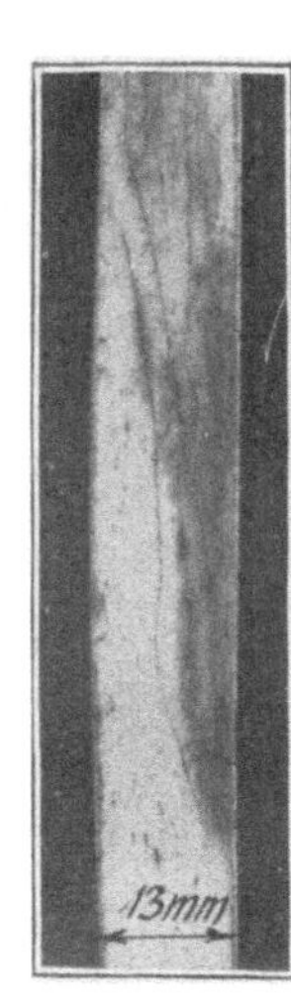

Abb. 74. Schnitt *C-D* in Abb. 72.

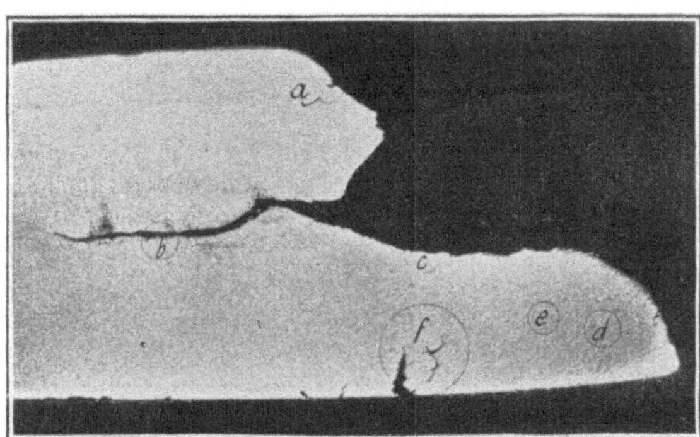

Abb. 75. Schnitt *E-F* in Abb. 72. $V = 3$.

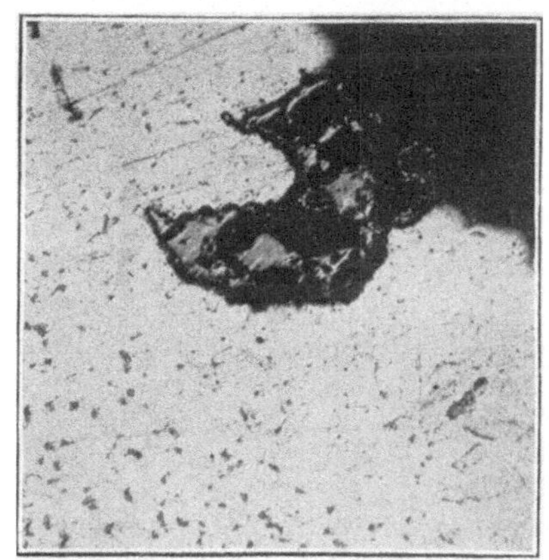

Abb. 76. Stelle *a*, Abb. 75. $V = 75$.

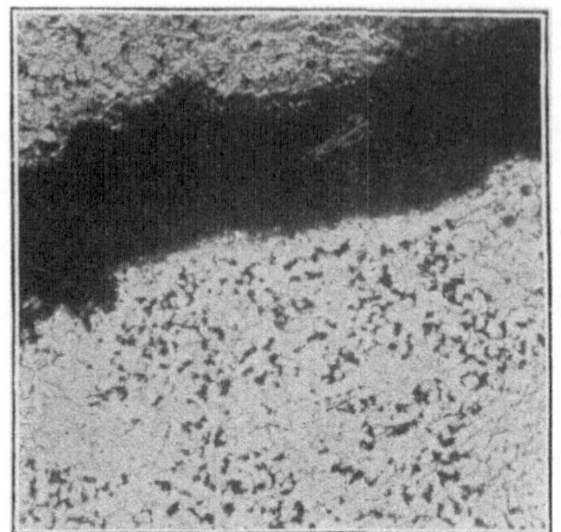

Abb. 77. Stelle *b*, Abb. 75. $V = 75$.

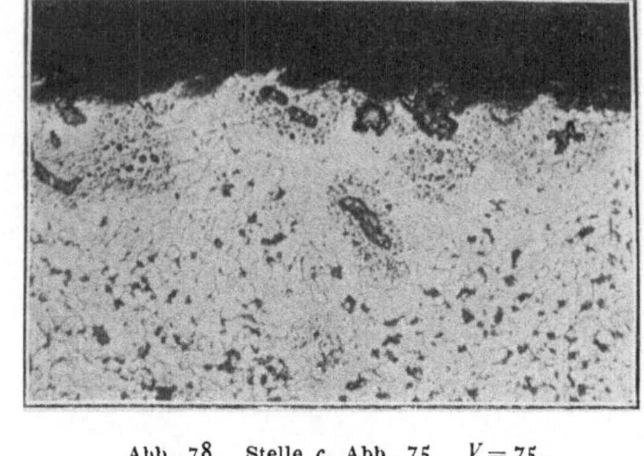

Abb. 78. Stelle *c*, Abb. 75. $V = 75$.

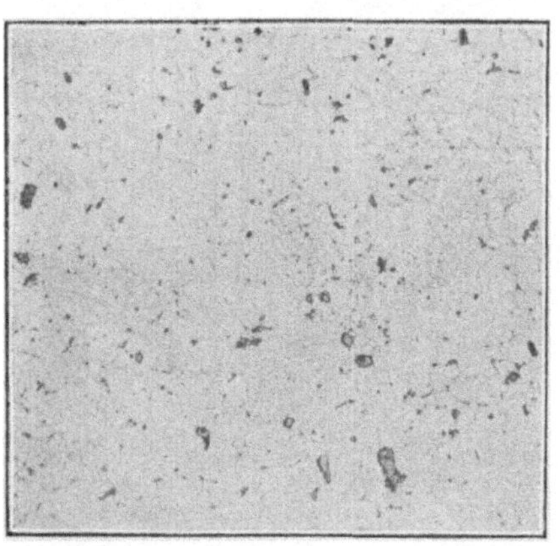

Abb. 79. Stelle *d*, Abb. 75. $V = 75$.

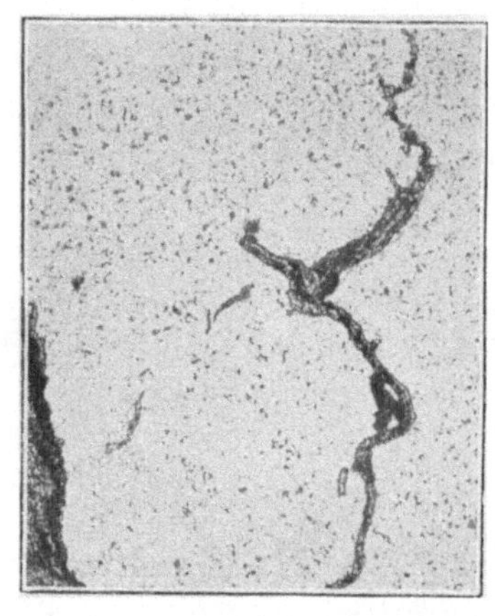

Abb. 81. Stelle *f*, Abb. 75. $V = 30$.

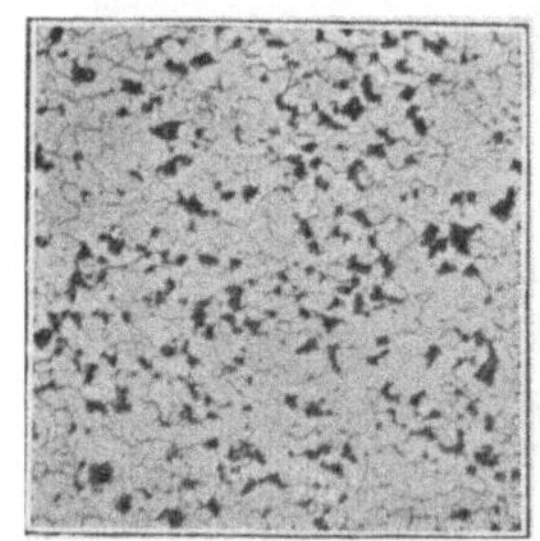

Abb. 80. Stelle *e*, Abb. 75. $V = 75$.

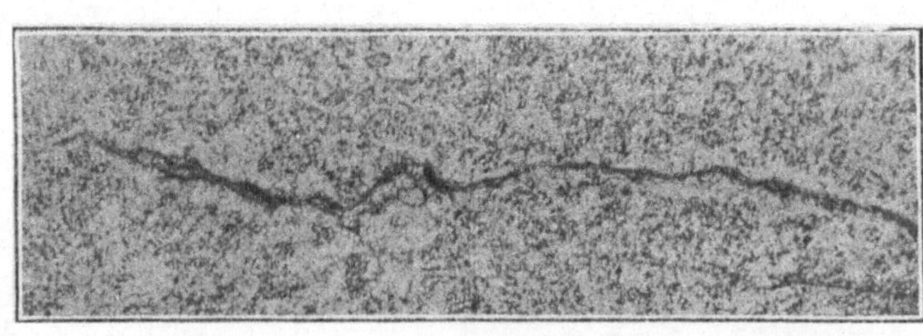

Abb. 83. Stelle aus Schnitt *G-H*, Abb. 72. $V = 30$.

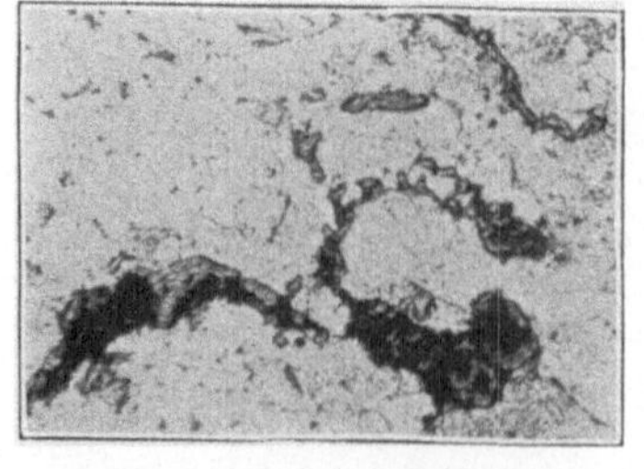

Abb. 82. Stelle aus Schnitt *G-H*, Abb. 72. $V = 150$.

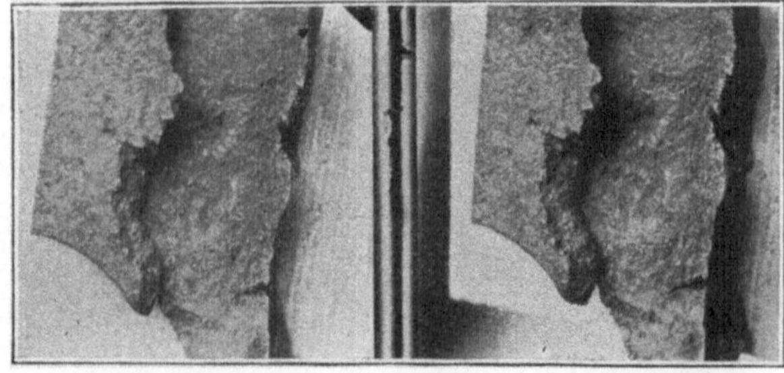

Abb. 84. Stück *G-H*, Abb. 72, von der Rückseite gesehen.

Die mechanische Prüfung ergab folgende Einzel- und Durchschnittswerte:

Zustand und Ort der Entnahme	Zugfestigkeit kg/qcm		Bruchdehnung auf $l = 11,3\sqrt{f} = 130$ mm vH		Querschnitt-verminderung vH	
Einlieferung, nahe der Schweißnaht	3613 3682 3671	3655	18,6 23,8 18,0	20,1	65,8 67,8 65,8	66,5
Einlieferung, am oberen Ende der Abb. 72	3431 3427	3429	28,2 26,8	27,5	68,5 67,7	68,1
ausgeglüht, nahe der Schweißnaht	3555 3578 3556	3563	30,4 26,5 27,1	28,0	67,2 66,4 68,0	67,2

Bei der Kerbschlagprobe wurden zum Bruch verbraucht (Stäbe nach Abb. 1)

im Einlieferungszustand . . . $\frac{20,3 + 16,3}{2} = 18,3$ mkg/qcm

im ausgeglühten Zustand . . . . 20,3 »

Hartbiege-, Schmiede- und Lochprobe wurden bestanden.

Zusammenfassung.

1) Das Material gehört zu den Blechen mit Zugfestigkeit unter 4100 kg/qcm. Es entspricht den Anforderungen der deutschen Materialvorschriften.

2) Das gerissene Blechstück enthält eine überlappte Schweißnaht.

3) Das Material hat beim Schweißen notgelitten.

4) Die stellenweise vorhandene Sättigung mit Oxydteilen erscheint bemerkenswert.

10) Rohrwand einer Lokomobile (erbaut 1898).

Blechdicke rd. 20 mm.

Abb. 85 stellt die eingelieferte Rohrwand dar. Nahe der Mitte war ein Stegriß zu beobachten.

Einen Teil der Querschnittfläche des Stückes M_1 gibt Abb. 86 (Vergrößerung 6fach) wieder. An der vorhandenen Schichtung ist zu erkennen, daß die Tafel durch Schweißen hergestellt ist und reichliche Mengen von Schlacken enthält.

Bei der Betrachtung fällt auf, daß 3 völlig verschiedene Arten von Schichten vorhanden sind.

Die Schichten *a* zeigen das in Abb. 87 wiedergegebene Bild
» » *b* » » » » 88 » »
» » *c* » » » » 89 » »

Die Schichten *a* sind von Kohlenstoff fast frei, dagegen an Schlacken reich, während die Schichten *b* und *c* zwar auch Schlacken enthalten, aber gleichzeitig einen hohen Gehalt an Kohlenstoff (Perlit) aufweisen. Bemerkenswert ist auch der Unterschied in der Zeichnung und Korngröße bei Abb. 88 und 89. Einen größeren, von der Seitenfläche des Stabes 2 herrührenden Schlackeneinschluß zeigt Abb. 90 (Vergrößerung 2,5fach).

Die Ungleichartigkeit des Materials, wie sie aus den Abb. 86 bis 89 zu erkennen ist, macht sich auch bei den Ergebnissen der angestellten Zugverversuche geltend.

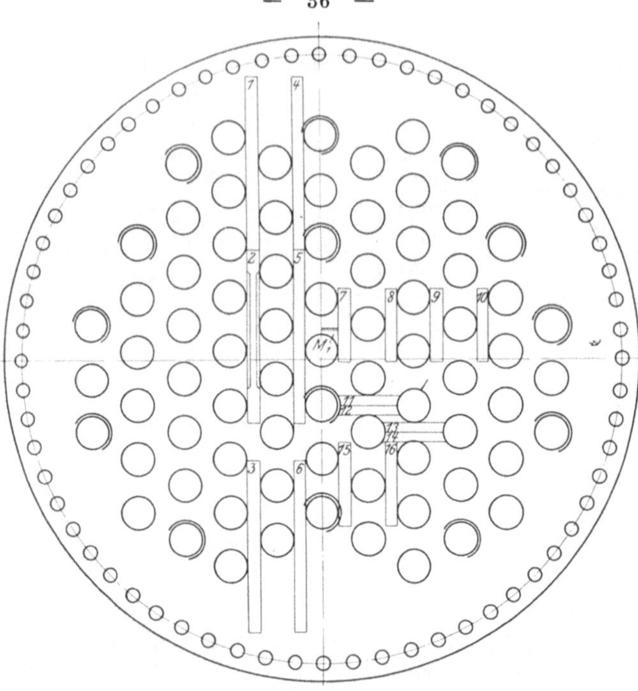

Abb. 85. Ansicht von der Feuerseite.

Zugstäbe, Einlieferungszustand: 1, 2, 3;
» ausgeglüht: 4, 5, 6;

Warmbiegeproben: 7, 8, 11, 12;
Kaltbiegeproben: 9, 10, 13, 14;
» ausgeglüht: 15, 16.

Abb. 86. Stück M_1, Abb. 85. $V = 6$.

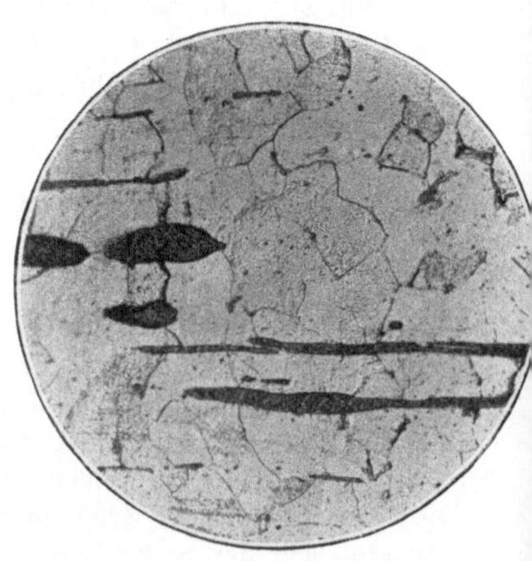

Abb. 87. Schicht *a*, Abb. 86. $V = 150$.

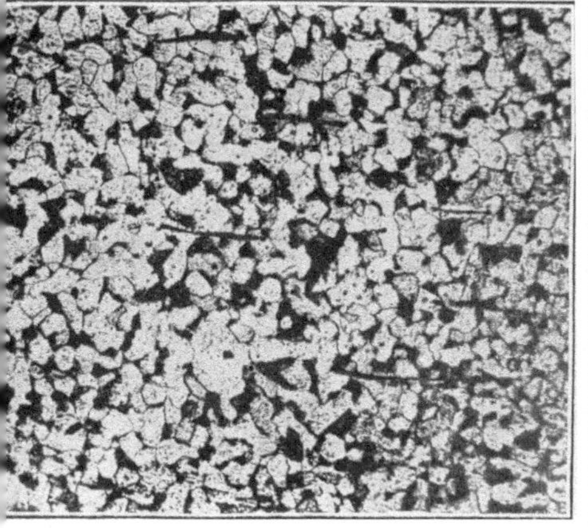

Abb. 88. Schicht *b*, Abb. 86. $V = 150$.

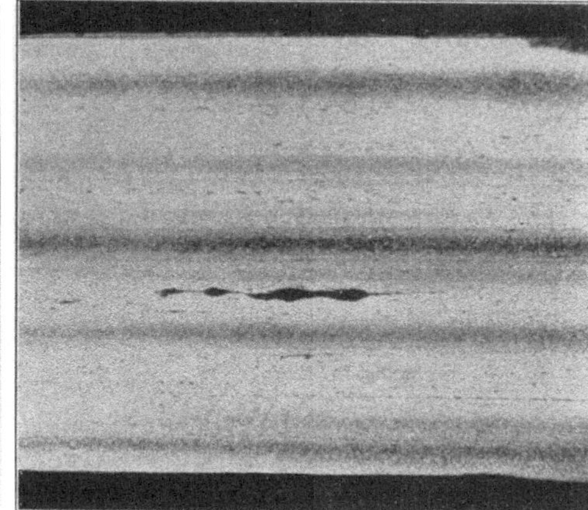

Abb. 90. Rohrwand (Lokomobile), Blech durch Schweißen hergestellt. $V = 2,5$.

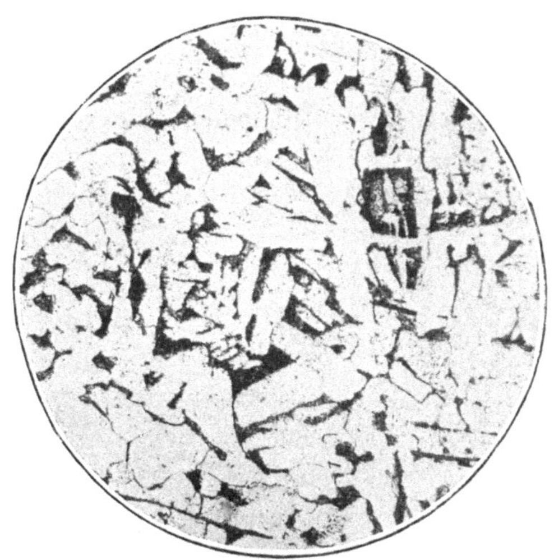

Abb. 89. Schicht *c*, Abb. 86. $V = 150$.

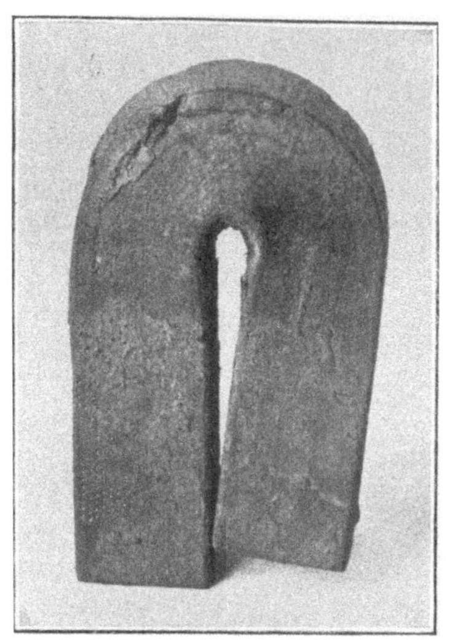

Abb. 91. Wasserseite. Warmbiegeprobe, Stab 7.

	Einlieferungszustand	ausgeglüht
Zugfestigkeit kg/qcm . . .	$\frac{3876 + 3904 + 3459}{3} = 3746$	$\frac{3681 + 3594 + 3441}{3} = 3572$
Bruchdehnung vH auf 200 mm, b. rd. 3,14 qcm Stabquerschnitt	$\frac{14,4 + 16,0 + 14,7}{3} = 15,0$	$\frac{22,3 + 17,2 + 22,3}{3} = 20,6$
Querschnittverminderung vH	$\frac{45,4 + 31,5 + 35,4}{3} = 37,4$	$\frac{41,9 + 37,4 + 37,3}{3} = 38,9$

In der Nähe der Rohröffnungen haben sich die Stäbe weniger gestreckt als an anderen Stellen, vergl. das bei Blechstück 5 Bemerkte. Der Einfluß des Walzens ist jedoch hier viel geringer.

Bei der Kaltbiegeprobe, wie sie für Schweißeisen in den deutschen Materialvorschriften vorgesehen ist, erfolgte der Bruch bei den in folgender Zusammenstellung angegebenen Winkeln.

Zustand bei der Biegung	Stab	Zugbeanspruchung erfolgte auf der	Bruch erfolgte nach Biegung um (Grade)	vorgeschrieben ist ein Biegewinkel von (Grad) längs	quer
Einlieferung	13	Feuerseite	165	140 bis 135	120 bis 115
	14	Wasserseite	163		
	9	Feuerseite	90		
	10	Wasserseite	76		
ausgeglüht	15	Feuerseite	180 nicht gebrochen	140 bis 135	120 bis 115
	16	Wasserseite	180 nicht gebrochen		

Bei der Warmbiegeprobe ist einer der 4 geprüften Stäbe nach Biegung um 180° gebrochen, wie Abb. 91 zeigt. Die 3 anderen Stäbe haben die Warmbiegeprobe bestanden.

Zusammenfassung.

1) Das Material ist durch Schweißen hergestellt.

2) Es erweist sich als sehr ungleichartig.

3) Seine Zugfestigkeit liegt unterhalb 4100 kg/qcm.

4) Bei der Kaltbiegeprobe im Einlieferungszustand sowie bei der Warmbiegeprobe hat das Blech zur Beanstandung Anlaß gegeben.

II) Galloway-Rohr aus Baden.

Blechdicke rd. 11 mm.

a) Angaben, die der Materialprüfungsanstalt gemacht worden sind.

Das eingelieferte Stück ist in Abb. 92, 93 und 94 abgebildet. In der Krempe zeigten sich die ersichtlichen Risse, die nicht beim Anrichten entstanden sein sollen.

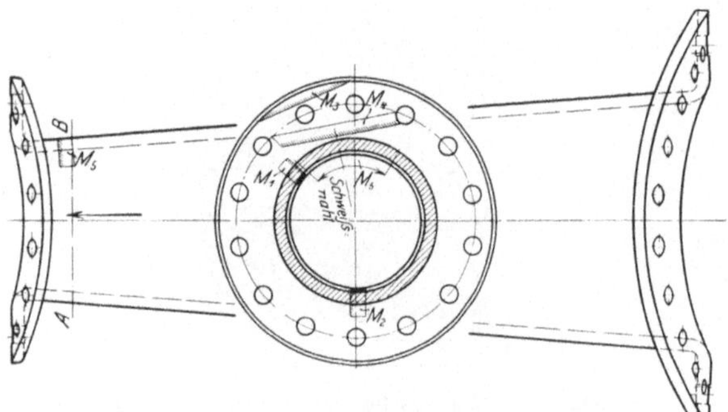

Abb. 92. Schnitt *A-B*, in der Pfeilrichtung gesehen.

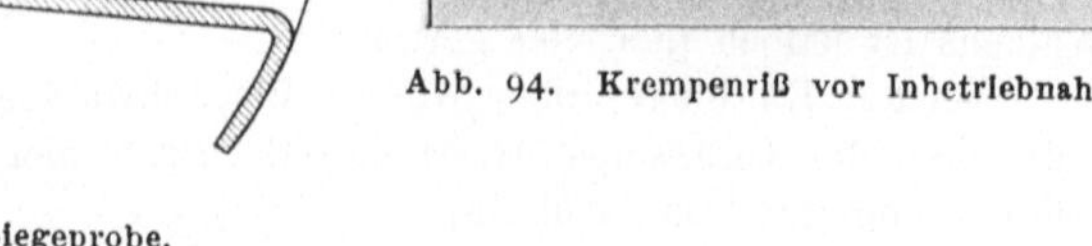

Abb. 94. Krempenriß vor Inbetriebnahme.

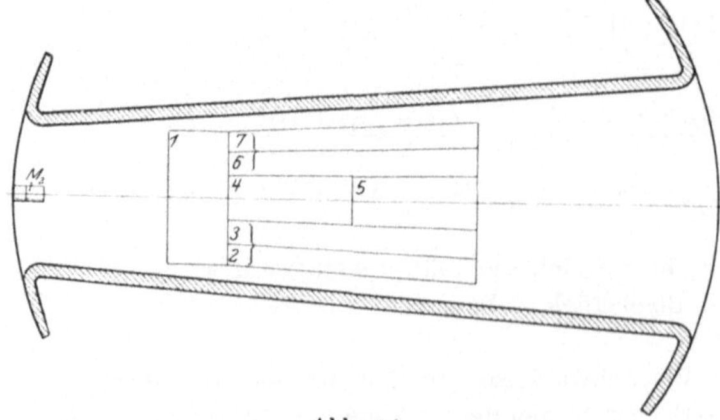

Abb. 93.

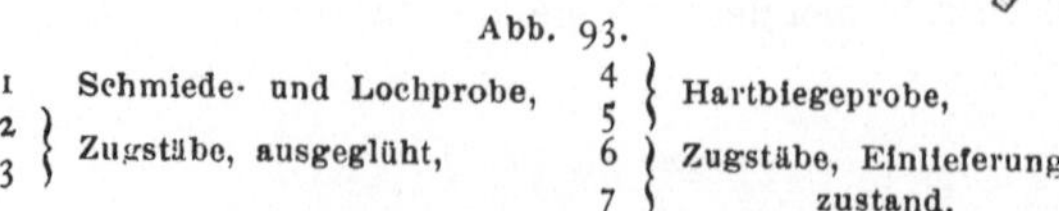

1 Schmiede- und Lochprobe,
2, 3 Zugstäbe, ausgeglüht,
4, 5 Hartbiegeprobe,
6, 7 Zugstäbe, Einlieferungszustand.

b) Ergebnisse der Untersuchung in der Materialprüfungsanstalt.

Bei der mechanischen Prüfung ergab das Material eine Zugfestigkeit von $\frac{3546 + 3527}{2} = 3537$ kg/qcm im Einlieferungszustand und von $\frac{3573 + 3532}{2} = 3553$ kg/qcm im ausgeglühten Zustand bei einer Bruchdehnung von $\frac{33,0 + 30,0}{2} = 31,5$ vH im ersteren und von $\frac{29,2 + 29,8}{2} = 29,5$ vH im letzteren Falle (Meßlänge 120 mm; Stabquerschnitt rd. 1,1 qcm). Die Querschnittverminderung betrug $\frac{63,3 + 61,8}{2} = 62,6$ bezw. $\frac{63,6 + 63,6}{2} = 63,6$ vH.

Hartbiege-, Schmiede- und Lochprobe wurden bestanden.

Die Betrachtung von Abb. 94 deutet darauf hin, daß bei *a-b* eine überlappte Schweißnaht vorhanden ist. Zur Feststellung, ob dies zutrifft, wurden die Stücke M_3, M_4 und M_5 entnommen, auf den durch Strichlage hervorgehobenen Flächen geschliffen und geätzt. So ergaben sich die Bilder Abb. 95, 96 und 97. Letztere zeigt die im Stutzen vorhandene Schweißnaht im Querschnitt. Die Bleche sind auf beträchtliche Erstreckung *(p-q)* unverbunden. Links von der Schweißstelle ist im Blech ein Riß vorhanden (bei *n* in Abb. 97).

Abb. 95 (Stück M_3) läßt erkennen, daß nicht nur die umgebördelte Flansche zusammengeschweißt ist, sondern daß ein fehlendes Stück durch einen Schweißeisenblechabfall — in Abb. 95 mit *A* bezeichnet — ersetzt und aufgeschweißt wurde. Ein zweites solches Flickstück beginnt bei *B*. Das Ende der Auflage zeigt Abb. 96 bei *A*. Zur weiteren Kennzeichnung der Arbeit dienen folgende Aufnahmen bei stärkerer Vergrößerung.

Abb. 98, Stelle *e* von Abb. 95 (Vergrößerung 10fach). Das aufgelegte Stück *A* ist infolge der vielen Schlackenschichten als Schweißeisen deutlich gekennzeichnet.

Stück M_4, Abb. 94 und 96.

Abb. 99 und 100, Stelle *g* und *h* (Vergrößerung 150fach). Das Gefüge des Blechmaterials ist auf Abb. 100, untere Hälfte, zu beobachten. Deutlich ist zu erkennen, daß das Material des aufgeschweißten Blechstückes, namentlich bei Abb. 99, am Rande wesentliche Mengen Kohlenstoff aufgenommen hat — die dunklen Flecken, der Perlit, nehmen einen viel größeren Teil der Querschnittfläche ein —, wie das bei hoher Erhitzung im Kohlenfeuer geschehen kann. Diese Kohlung ist bei Abb. 99 auch auf das Blech des Stutzens übergegangen. In Abb. 96 ist die betreffende Stelle dunkel gefärbt.

Abb. 101 und 102, Stelle *i* und *k*, Abb. 96 (Vergrößerung 150fach), geben das Aussehen der Schweißfuge an andern Stellen wieder. Deutlich ist die große Zahl von Oxydteilen zu beobachten, die teils im Material fein verteilt, teils längs der Naht in groben Stücken vorhanden sind. Der geringe Gehalt an Perlit, d. h. Kohlenstoff, erscheint gegenüber Abb. 99 und 100 bemerkenswert.

Stück M_5, Abb. 94 und 97.

Abb. 103 und 104, Stelle *p* und *q*, Abb. 97 (Vergrößerung 150fach), zeigen die weitgehende Einführung von Schlackenteilen und die Größe der Körner.

Die Schweißung ist hiernach mangelhaft ausgeführt, Abb. 97, und auszubessern versucht worden, Abb. 95 und 96. Hierbei ist das Material weitgehend oxydiert und erhitzt worden. Die hiermit verknüpfte Schädigung hat sich auch auf Stellen außerhalb der Schweißnaht ausgedehnt. Dort sind die in Abb. 94

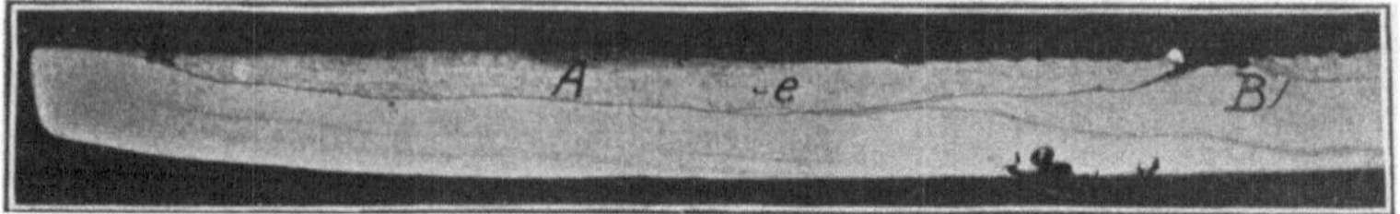

Abb. 95. Stück M_3, Abb. 94. Flanschenstirnseite.

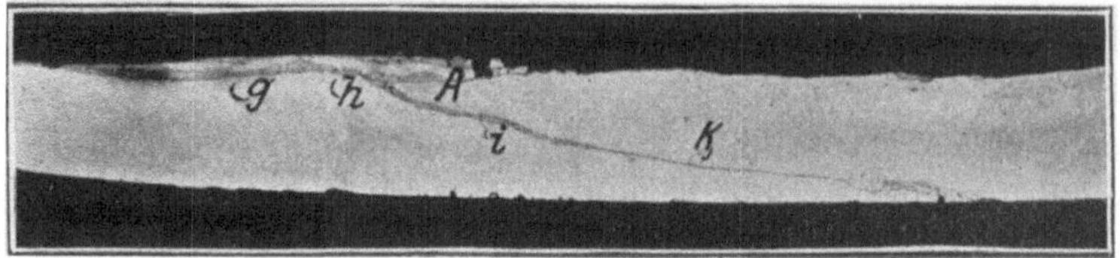

Abb. 96. Stück M_4, Abb. 94. Flanschenstirnseite.

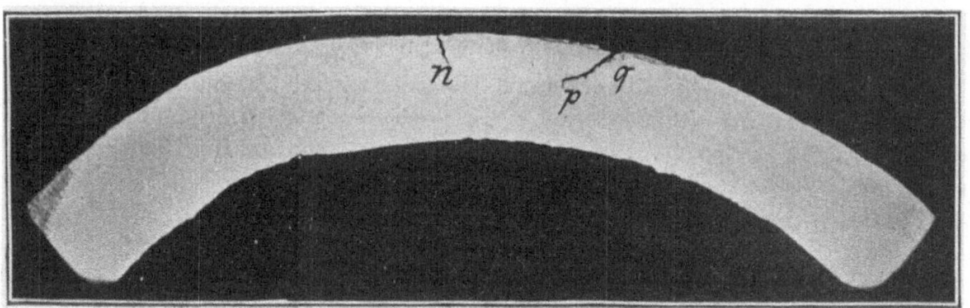

Abb 97. Stück M_5, Abb. 94. Schweißnaht im Querschnitt.

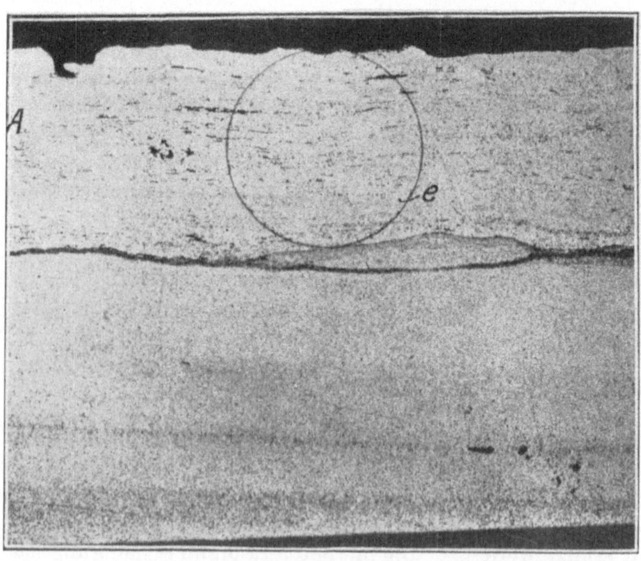

Abb. 98. Stelle e, Abb. 95. $V = 10$.

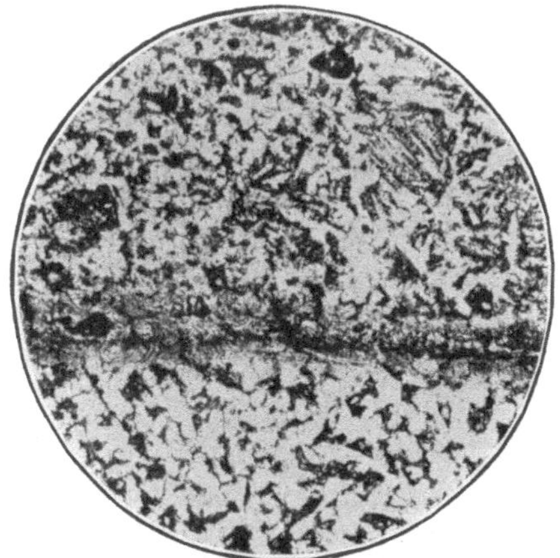

Abb. 99. Stelle *g*, Abb. 96. $V = 150$.

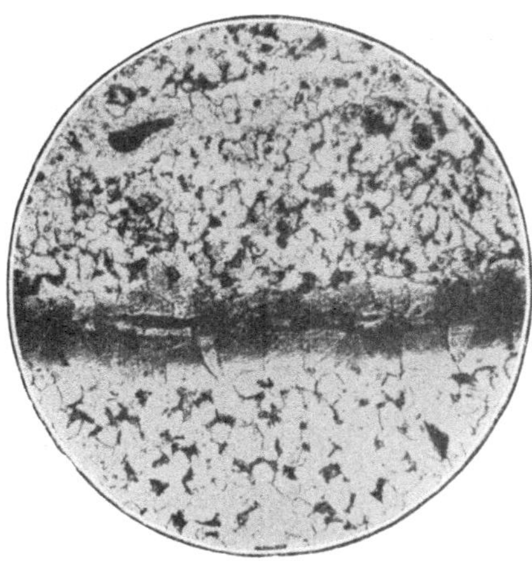

Abb. 100. Stelle *h*, Abb. 96. $V = 150$.

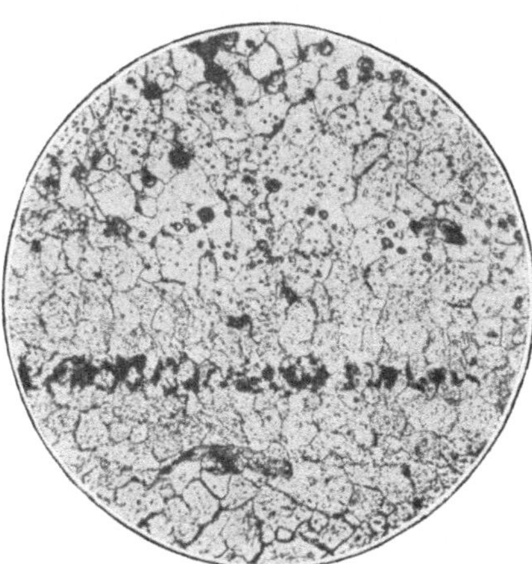

Abb. 101. Stelle *i*, Abb. 96. $V = 150$.

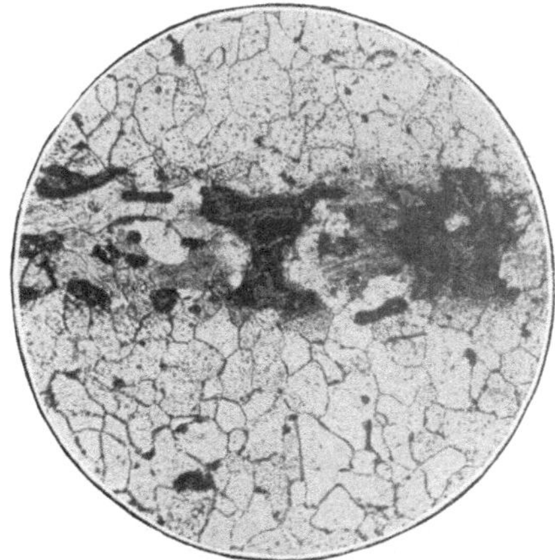

Abb. 102. Stelle *k*, Abb. 96. $V = 150$.

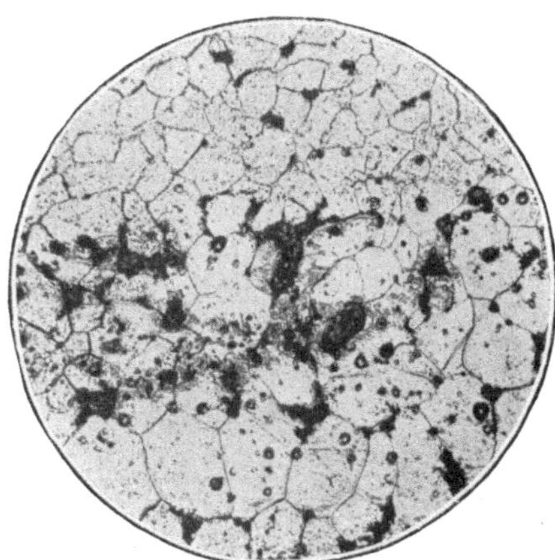

Abb. 103. Stelle *p*, Abb. 97. $V = 150$.

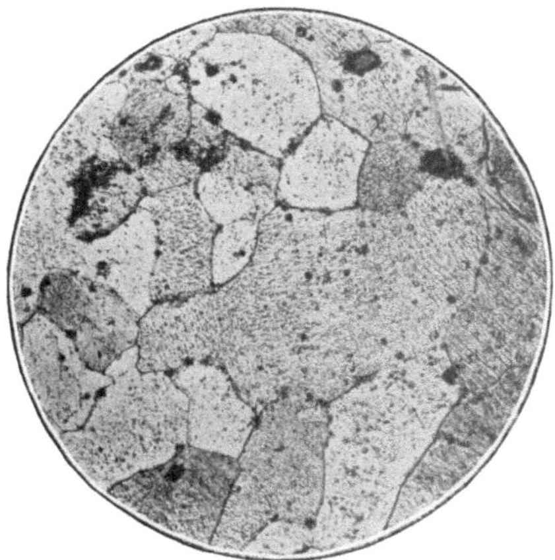

Abb. 104. Stelle *q*, Abb. 97. $V = 150$.

Flanschenseite. Rohrseite.

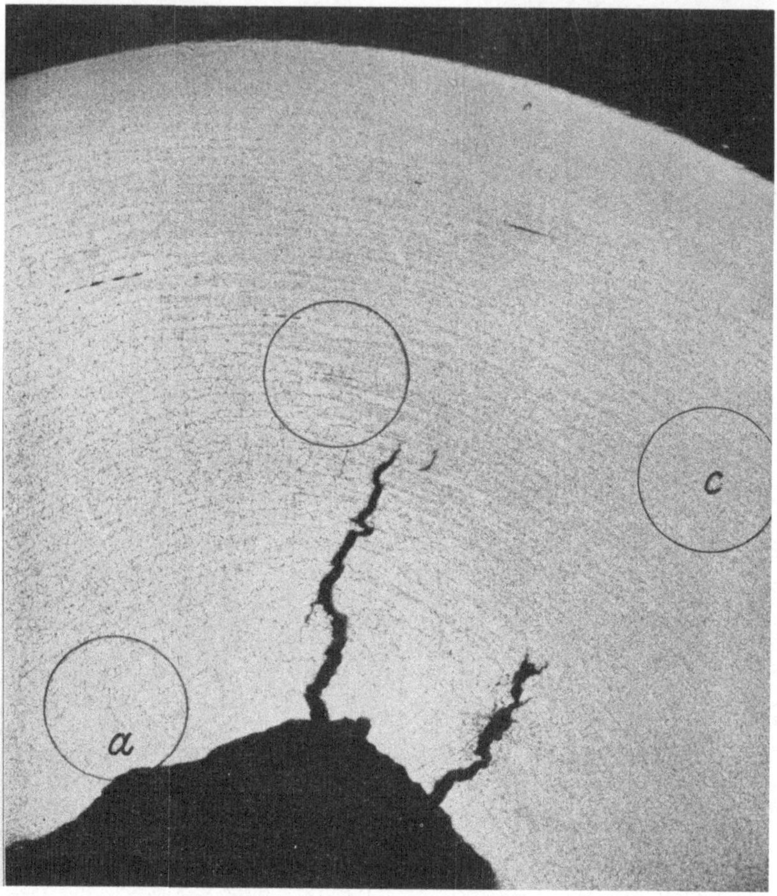

Abb. 105. Stück M_1, Abb. 94. $V = 10$.

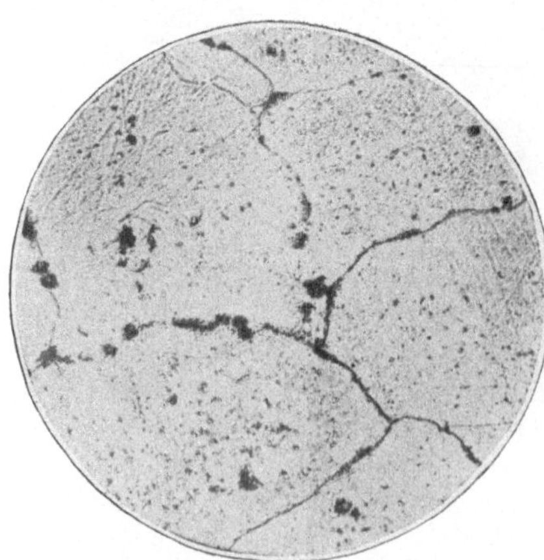

Abb. 106. Stelle *a*, Abb. 105. $V = 150$.

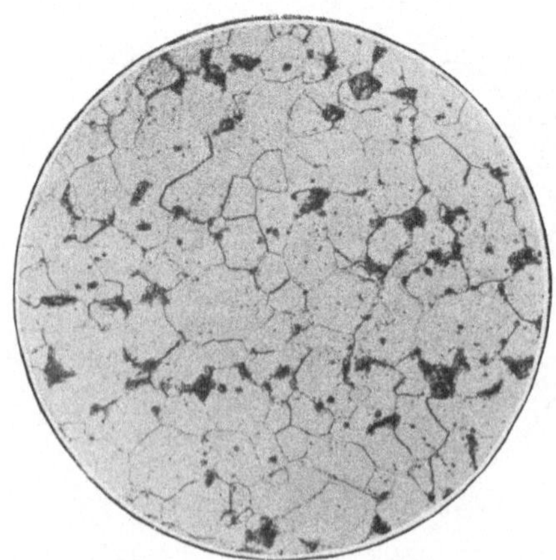

Abb. 107. Stelle *c*, Abb. 105. $V = 150$.

ersichtlichen Risse entstanden. In der Nähe der letzteren wurden die Stücke M_1 und M_2, Abb. 92, 93 und 94, entnommen.

Stück M_1, Abb. 94.

Einen Querschnitt zeigt Abb. 105 (Vergrößerung 10fach). Deutlich ist zu erkennen, daß das Korn auf der Außenseite des Stutzens (in Abb. 105 unten gelegen, wo sich die Kehle befindet) außerordentlich grob ist. Dies veranschaulicht noch besser der Vergleich der Abb. 106 und 107 (Vergrößerung 150fach), die das Gefüge an den Stellen *a* und *c*, Abb. 105, abbilden. Bei *a*, Abb. 106, ist das Material durch Erhitzung weitgehend geschädigt. Bei Stück M_2, Abb. 92 und 93, zeigen sich ganz ähnliche Bilder, wie bei Stück M_1. Das grobe Korn war auch auf der andern Seite auf geringe Breite vorhanden. Ob hierbei das Umbördeln mitgewirkt hat, muß dahingestellt bleiben.

Zusammenfassung.

1) Das Material besitzt eine Zugfestigkeit von weniger als 4100 kg/qcm.

2) Der Stutzen ist geschweißt.

3) Beim Schweißen hat Schädigung stattgefunden.

4) Durch Aufschweißen wurde Ausbesserung versucht. Als Auflagen fanden Schweißeisenstücke Verwendung.

Die eingetretene Rißbildung ist durch die Mangelhaftigkeit der Schweißarbeit zu erklären.

12) Blechtafel, die bei der Herstellung des Kessels Nietlochrisse erhalten hat.

Blechdicke rd. 17 mm.

a) Angaben, die der Materialprüfungsanstalt gemacht worden sind.

Das Blech besitzt eine Zugfestigkeit von 3730 kg/qcm und 29 vH Dehnung. Die Blechtafel war nach Angabe des Kesselmonteurs schwer zu biegen; sie wurde über einem Feuer erwärmt, um sie zum Biegen geschmeidiger zu machen. Glühend soll sie dabei nicht geworden sein. Das Blech scheint sehr hart zu sein. Beim Biegen wurde die Walze schadhaft.

Nach dem Stanzen der Löcher auf 18 mm wurden die Blechkanten abgehobelt. Das Anbiegen an den beiden Längsnähten erfolgte auf etwa 20 cm durch Hammerschläge, wobei das Blech handwarm gemacht worden ist. Nach dem Heften der Längsnähte wurden die Nietlöcher auf 23 mm aufgebohrt.

b) Ergebnisse der Untersuchung in der Materialprüfungsanstalt.

Eingeliefert wurden 2 Blechstücke von etwa 30 cm Breite und 60 cm Länge, deren eines in Abb. 108 abgebildet ist. Auffallend erscheinen die Auskragungen *a* nahe den Nietlöchern, die von einer Verstauchung des Bleches herrühren, wie aus dem Querschnitt hervorgeht, den Abb. 109 zeigt. Die metallographische Untersuchung ergab, daß das Gefüge an diesen Stellen nicht zerquetscht ist. Die erwähnte Formänderung, zu welcher Anlaß z. B. durch die Absicht der Aufweitung des Schusses vorliegen könnte, muß daher entweder entstanden sein, ehe das Blech zum letzten Mal auf Glühtemperatur gebracht war — wobei die etwa vorhandene Zerquetschung des Gefüges zum Verschwinden gebracht würde —, oder sie könnte im rotwarmen Zustand erzeugt sein. In bezug auf die letztere Annahme ist zu beachten, daß von Hammerschlägen keine Spuren beobachtet werden konnten.

Wird dagegen angenommen, daß die Zerdrückung etwa beim Stanzen entstanden ist — sie kehrt bei allen Nietlöchern regelmäßig wieder — und daß das Blech beim Anwärmen trotz der anders lautenden Angaben rotwarm geworden ist, so entsteht ein neuer Widerspruch insofern, als dann das Abhobeln der Stemmkante vor dem Stanzen erfolgt sein müßte, während oben angegeben ist, daß die Reihenfolge die umgekehrte war. Die bestehende Unsicherheit hat sich auch durch Rückfrage beim Antragsteller nicht beheben lassen.

Abb. 108. Nietlochrisse bei der Herstellung des Kessels. Auskragungen bei a.

Abb. 109. Querschnitt durch eine der Stellen a in Abb. 108.

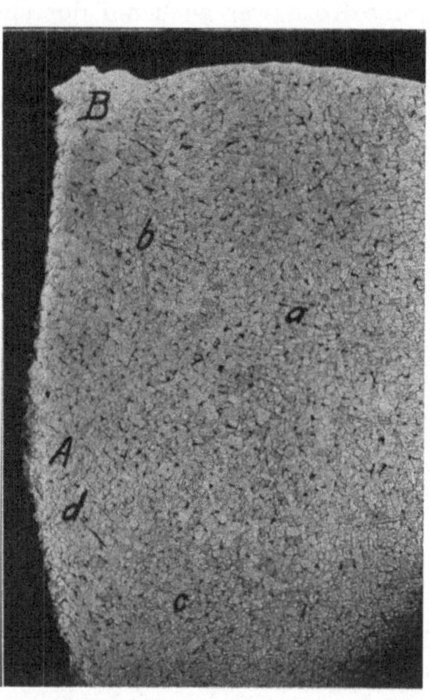

Abb. 110. Scherenschnitt an der Stemmkante. $V = 25$.

Das Behobeln der Stemmkante hat bei dem in Abb. 108 nicht abgebildeten Blechstück nur soweit stattgefunden, daß die erforderliche Abschrägung entstand; der eine Rand des Scherenschnittes ist dabei, wie Abb. 110 zeigt, von A bis B stehen geblieben, was an der Biegung der Schichten z. B. bei a-b, c-d zu erkennen ist. Damit ist auch die Möglichkeit gegeben, festzustellen, daß nach dem Abschneiden mit der Schere Ausglühen stattgefunden hat, weil die Körner an den beim Abscheren umgebogenen und zerquetschten Schichten keine Formänderung mehr aufweisen; eine solche Formänderung war ursprünglich vorhanden und ist durch das Ausglühen zum Verschwinden gebracht worden (vergl. Mitteilungen über Forschungsarbeiten Heft 83/84, Abb. 237 und 238 Tafel XVI, wo der Rand eines gestanzten Nietloches vor und nach dem Ausglühen abgebildet ist). Darauf, daß es zur Beseitigung der Folgen des Scherenschnittes nicht ausreicht, eine so geringe Materialmenge zu entfernen, wie im vorliegenden Fall geschehen, sei nebenbei hingewiesen. Es dürfte sich empfehlen, mindestens Abhobeln auf eine Breite gleich der halben Blechdicke eintreten zu lassen.

Die Lochränder zeigen für das stattgehabte Lochen keine Anzeichen mehr, die Löcher sind also wohl in Uebereinstimmung mit den obigen Angaben aufgebohrt worden.

Zustand und Richtung zur Kesselachse		Zugfestigkeit kg/qcm		Bruchdehnung[1] vH		Querschnittverminderung vH	
		Einzel-	Mittelwert	Einzel-	Mittelwert	Einzel-	Mittelwert
Einlieferung	parallel	4077		19,4		68,8	
		4102	4094	18,4	19,0	68,2	68,4
		4102		19,3		68,2	
	senkrecht	4251		21,1		58,2	
		4184	4165	23,4	22,7	63,2	62,4
		4061		23,6		65,9	
ausgeglüht	parallel	3545		27,4		72,2	
		3594	3578	26,7	27,1	71,3	72,0
		3594		27,1		72,4	
	senkrecht	3529		31,1		70,6	
		3521	3495	32,2	31,8	70,8	70,7
		3435		32,1		70,6	

Die Unterschiede in den Festigkeitseigenschaften des Materials im Einlieferungszustande und nach dem Ausglühen sind außergewöhnlich groß. Sie deuten im Verein mit dem, was aus den Mitteilungen über die Herstellung des Kessels geschlossen werden kann, darauf hin, daß das Blech rasche Abkühlung erfahren hat[2]). Daß auf diese Weise dem Entstehen innerer Spannungen und der Erzeugung von Sprödigkeit Vorschub geleistet werden kann, ist bekannt.

Hartbiege-, Schmiede- und Lochprobe wurden bestanden.

Bei der Kerbschlagprobe wurden zum Bruch verbraucht

Zustand	Richtung zur Kesselachse	Arbeitsverbrauch Einzel- mkg/qcm	Mittelwert mkg/qcm
Einlieferung	senkrecht	11,5	13,2
		14,8	
	parallel	15,4	16,5
		17,6	

Zusammenfassung.

1) Das Material gehört zu den Blechen mit Zugfestigkeit unter 4100 kg/qcm, obwohl es in der Kesselschmiede als sehr hart bezeichnet wurde. Es entspricht den deutschen Materialvorschriften.

2) Die Festigkeitseigenschaften im Einlieferungszustand sind sehr verschieden von denjenigen, die nach dem Ausglühen ermittelt wurden.

3) An der Rundnaht sind eigenartige Verstauchungen vorhanden.

---

[1]) Auf 180 mm bei rd. 2,6 qcm Stabquerschnitt.

[2]) Ueber die bedeutende Wirkung, welche rasches Abkühlen auf die Festigkeitseigenschaften auch bei Material von geringer Zugfestigkeit äußert, geben die Abb. 16 bis 18 in § 10 der Elastizität und Festigkeit von C. Bach, 6. Aufl. 1911 S. 155 u. f. anschaulich Auskunft.

4) Der Scherenschnitt ist stellenweise unvollkommen entfernt.

5) Nach den vorliegenden Angaben hat beim Biegen Anwärmen stattgefunden.

6) Anzeichen dafür, daß das Material an und für sich mangelhaft wäre, sind nicht beobachtet worden.

Die eingetretene Rißbildung wird hiernach mit der stattgehabten Behandlung des Bleches in Zusammenhang zu bringen sein.

13) Kesselblech aus Niederschlesien.

Blechdicke rd. 17 mm.

a) Angaben, die der Materialprüfungsanstalt gemacht worden sind.

Der Kessel ist für 9 at bestimmt. Bei einer Kaltwasserpressung von 13½ at wurden Risse an mehreren Stellen des Ober- und Unterkessels, Längs- und Querrisse in den Nietverbindungen gefunden. Es soll ein »härteres Material *F* II« zur Verwendung gelangt sein. Es wird vermutet, daß das Blech bei der hydraulischen Nietung zu stark beansprucht worden ist.

b) Ergebnisse der Untersuchung in der Materialprüfungsanstalt.

Abb. 111 zeigt das Blechstück mit seinen zahlreichen Rissen.

Abb. 111.

Bei der mechanischen Prüfung wurden folgende Ergebnisse erlangt:

Zustand	Zugfestigkeit Einzel- kg/qcm	Zugfestigkeit Mittelwert kg/qcm	Bruchdehnung[1] Einzel- vH	Bruchdehnung[1] Mittelwert vH	Querschnittverminderung Einzel- vH	Querschnittverminderung Mittelwert vH
Einlieferung	3564 3563	3564	28,2 26,8	27,5	67,4 65,5	66,5
ausgeglüht	3628 3609	3619	29,9 32,3	31,1	68,0 67,2	67,6

Das Material besitzt also eine Zugfestigkeit von weniger als 4100 kg/qcm, es gehört nicht zu dem Material *F* II, wie angenommen.

Hartbiege-, Schmiede- und Lochprobe wurden bestanden.

Zur metallographischen Untersuchung dienten die Stücke M_1, M_2, M_3, M_4 und M_5, Abb. 111.

---

[1]) Meßlänge 150 mm, Stabquerschnitt rd. 1,70 qcm.

Die Ansicht der an Stück M_1 geschliffenen Fläche zeigt Abb. 112. Die Eindrückung *a-b* ist vom Nietkopf verursacht. Bei *a-c* befindet sich der Rand des Nietloches. Die Stemmkante *d* ist erheblich abgebogen und gestaucht. Bei *e*, *f*, *g* und *h* sind feine Risse vorhanden, von denen abgebildet ist: Riß *e* in Abb. 113 (Vergrößerung 5fach) vor der Aetzung; diese Abbildung zeigt auch

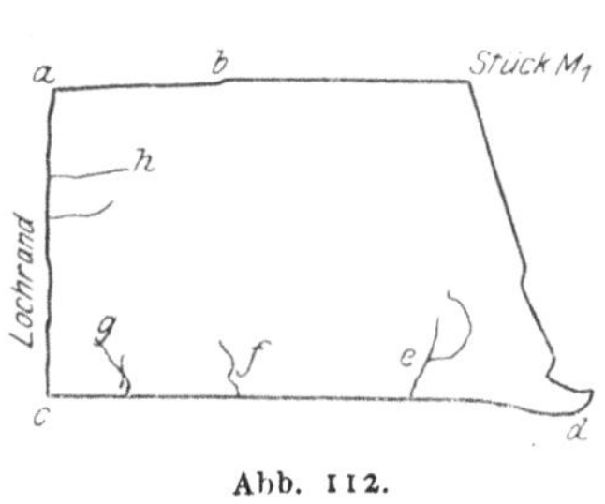

Abb. 112.

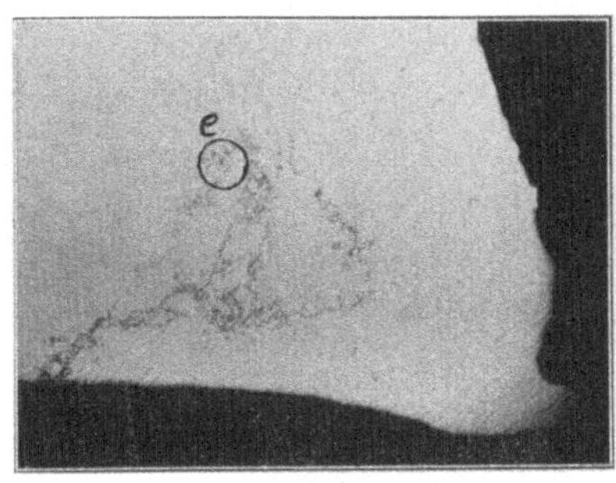

Abb. 113. Stemmkante. $V = 5$.

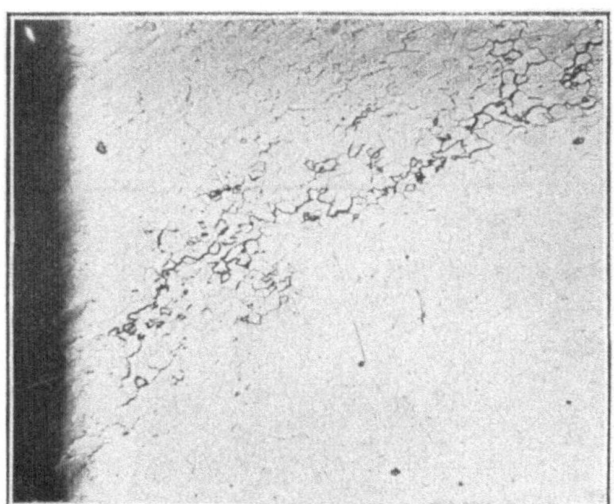

Abb. 114. Unterer Riß *h*, Abb. 112. $V = 30$.

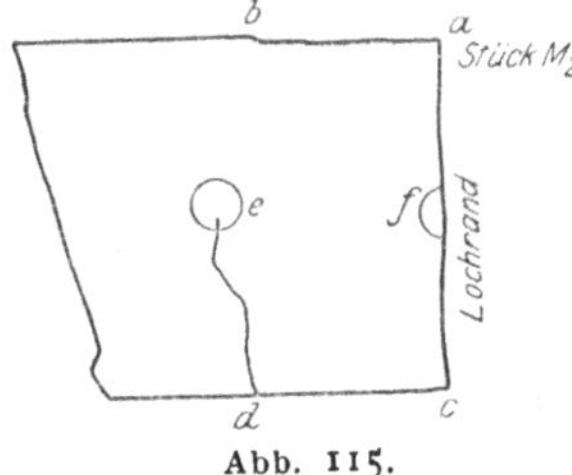

Abb. 115.

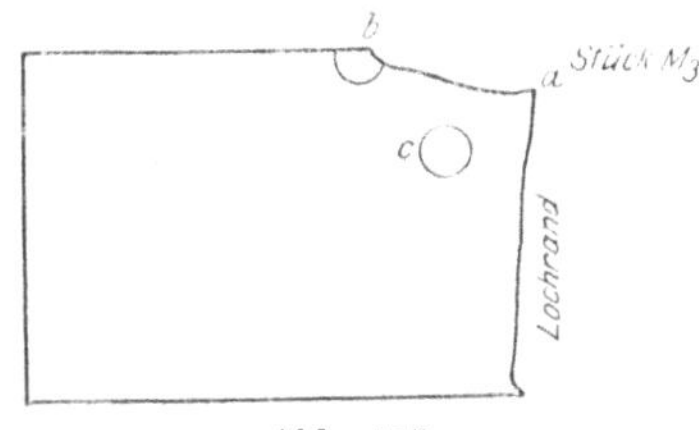

Abb. 117.

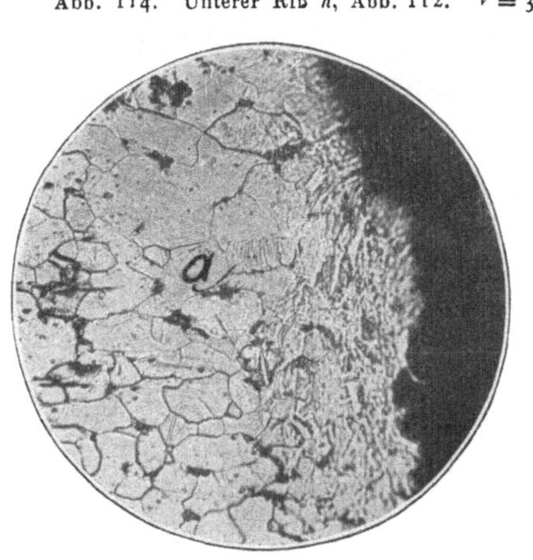

Abb. 116. Stelle *f*, Abb. 115. $V = 150$.

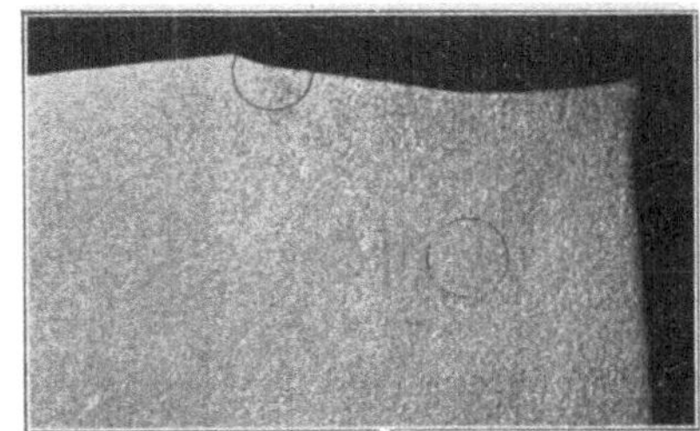

Abb. 118. Querschnitt durch ein Nietloch. Einprägung des Nietkopfes. $V = 3,8$.

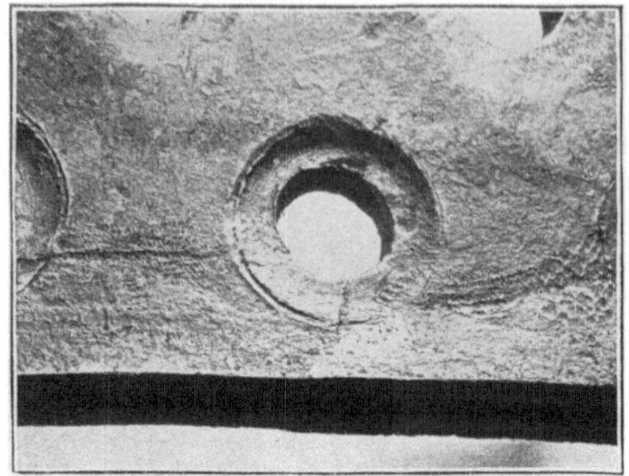

Abb. 119.

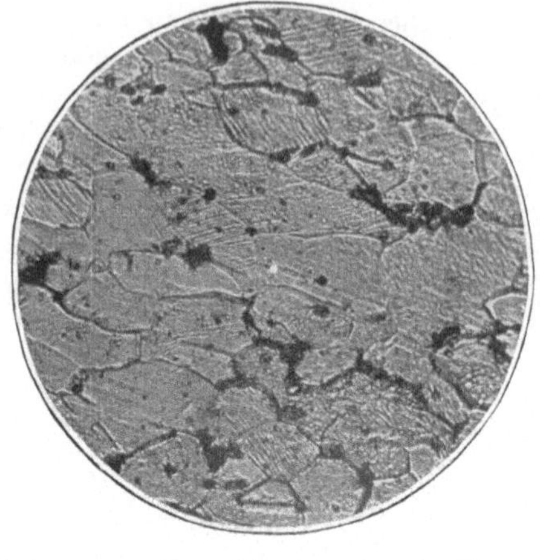

Abb. 121. Stelle *c*, Abb. 117 und 118. *V* = 225.

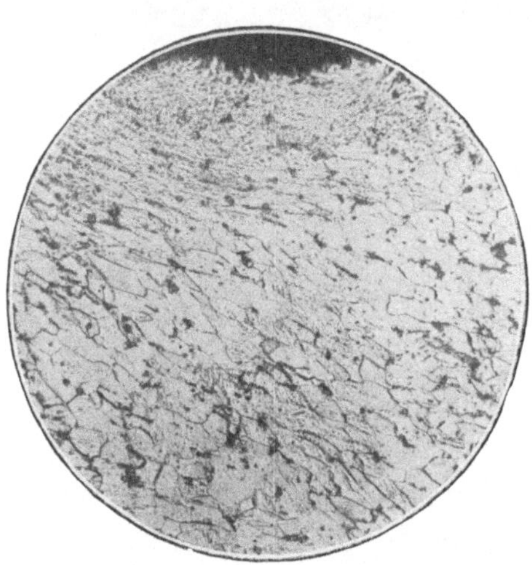

Abb. 120. Stelle *b*, Abb. 117 und 118. *V* = 100.

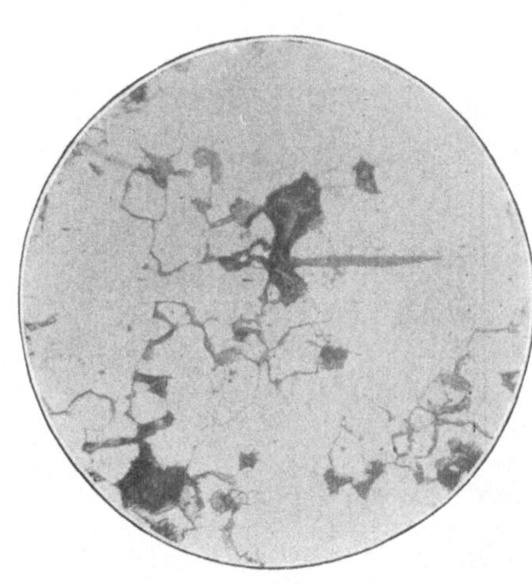

Abb. 122. Von Riß *e*, Abb. 112. *V* = 150.

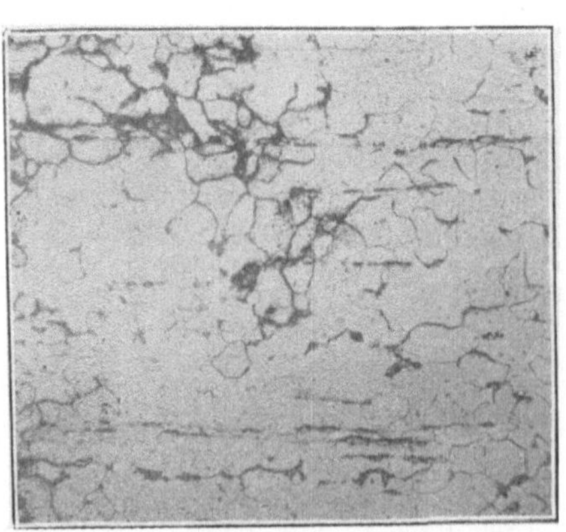

Abb. 123. Stelle *e*, Abb. 115. *V* = 125.

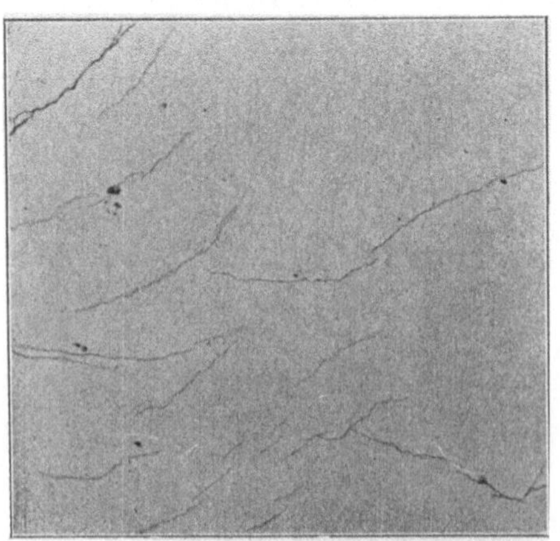

Abb. 124. Umgebung eines Nietloches. Ueberschliffene Blechoberfläche. *V* = 7,5.

den Betrag der Stauchung der Stemmkante; der untere Riß *h* in Abb. 114 (Vergrößerung 30fach), vor der Aetzung.

Bemerkenswert erscheint die weitgehende Verästlung der Risse. Stück M_2 zeigt Abb. 115. Der Rand des Nietloches ist bei *a-c*, der Nietkopf bei *a-b* gelegen. Bei *d-e* ist ein feiner Riß vorhanden. Der Rand des Nietloches (das entweder durch Bohrung hergestellt oder ausgerieben ist, da ein Umbiegen der Schichten sich nicht beobachten läßt) weist stellenweise Zerquetschung auf, deren Folgen sich ziemlich weit in das Material hinein verfolgen lassen. Als Beispiel ist in Abb. 116 die Stelle *f* der Abb. 115 abgebildet (Vergrößerung 150fach). Die Streifung z. B. im Korn *a*, Abb. 116 ist eine Folge der Zerquetschung.

Stück M_3 ist in Abb. 117 wiedergegeben. Der tiefe Eindruck des Nietkopfes bei *a-b* ist auch aus Abb. 118 (Vergrößerung 3,8fach) maßstäblich zu erkennen. Auch Abb. 119, welche eine Ansicht des Bleches wiedergibt, zeigt, in welch gewalt-

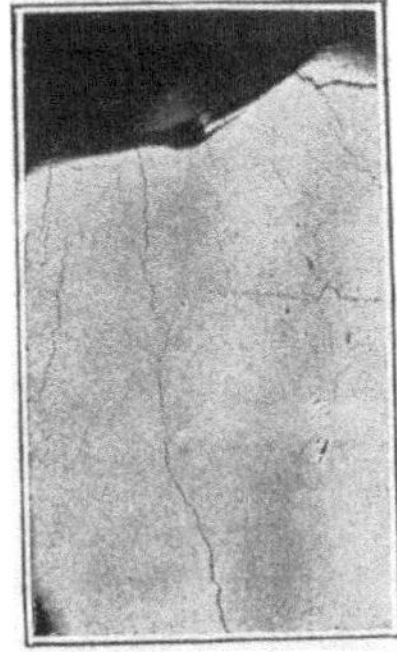

Abb. 125. Unterfläche von Stück M_5, Abb. 111. $V = 4$.

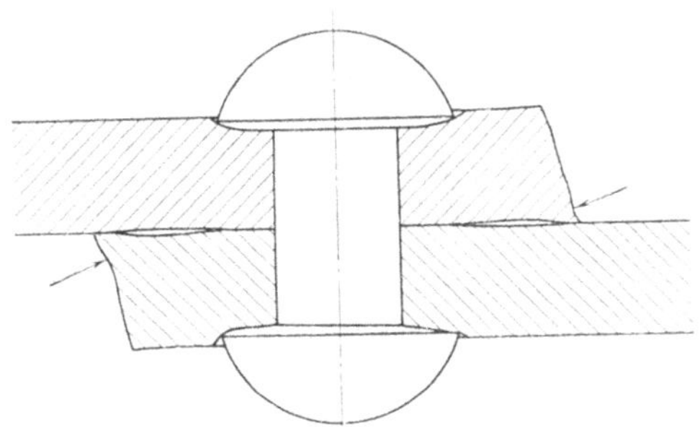

Abb. 126. Querschnitt durch die Nietung, rekonstruiert.

samer und unsachgemäßiger Weise das Pressen der Nietköpfe erfolgt sein muß. Dementsprechend zeigt auch das Gefüge des Materials weitgehende Zerquetschung. Als Beispiele sind abgebildet: in Abb. 120 die Stelle bei *b*, Abb. 117 (Vergrößerung 100fach), die Körner sind hier infolge des Druckes bedeutend gestreckt. Mehrere derselben zeigen die Streifung, die bei Abb. 116 erwähnt ist; in Abb. 121 (Vergrößerung 225fach) die Stelle bei *c*, Abb. 117 und 118, etwa 5 mm vom Blechrande entfernt. Die erwähnte Streifung ist auch hier scharf ausgeprägt vorhanden; sie macht sich auf noch weit größere Tiefe deutlich bemerkbar.

Eine Stelle des Risses *e*, Abb. 112 und 113 gibt Abb. 122 (Vergrößerung 150fach) wieder. Außer dem die Körner umziehenden, weit verästelten Riß treten längliche Schlackeneinschlüsse zutage. Solche zeigt insbesondere auch Abb. 123 (Vergrößerung 125fach), herrührend von der Stelle *e*, Abb. 115, in großer Anzahl. Auch ist nicht zu verkennen, daß der Riß sich längs dieser Teile besonders fein verzweigt.

Die dem Nietkopf entgegengesetzten (das sind die in Abb. 111 nicht abgebildeten) Oberflächen der Stücke M_4 und M_5 sind nach dem Abschleifen in Abb. 124 und 125 wiedergegeben. Deutlich ist die außerordentlich große Zahl von hauptsächlich radial gerichteten Rissen zu beobachten, die vor dem Abschleifen nicht zu erkennen waren, jedoch schon beim Ueberhobeln zutage traten.

Abb. 124 und 125 im Verein mit Abb. 118, 119, 120, und 121 sowie 116 weisen darauf hin, daß die Rißbildung in Uebereinstimmung mit der oben wiedergegebenen Vermutung in der Tat durch zu großen Druck beim Nieten begünstigt worden ist.

Wird auf eine Blechplatte durch einen Stempel ein Druck von solcher Höhe ausgeübt, daß der Stempel um etwa 2 mm einsinkt, wie hier geschehen (vergl. Abb. 118), so zeigt die Platte Neigung, sich zu wölben, derart, daß die Unterseite, die zunächst Druck erhält, erhabene Krümmung ausführt, die mit Zugbeanspruchung verbunden ist. Dies erfolgt beim Nieten, solange die Bleche ziemlich stark erhitzt sind, und kann entweder unmittelbar zu Rissen führen oder Spannungen von sehr bedeutender Größe wachrufen, die dem Eintreten von Rissen später Vorschub leisten. Erfährt das Blech Wölbung, wie besprochen, so hebt sich die Stemmkante ab, sie klafft und muß beim Verstemmen zum Anliegen gebracht werden. Dabei wird zwischen den beiden Blechen ein Spalt verbleiben, wie ihn Abb. 126 andeutet, der Querschnitt durch das Blech wird die Gestalt annehmen, wie sie in Abb. 112 und 113 zu erkennen war.

Daß die Bleche einer solchen Nietverbindung ferner im Betriebe besonders stark auf Biegung beansprucht sind, bildet einen weiteren Nachteil und befördert die Rißbildung, insbesondere diejenige parallel zur Naht, wie aus Abb. 111 ersichtlich. Vergl. auch die Darlegungen in Z. 1912 S. 1890 u. f.

Im Gegensatz zu der oben wiedergegebenen Vermutung handelt es sich jedoch um Material von geringerer Zugfestigkeit. Die Verunreinigung, wie sie durch die zahlreichen kleinen Schlackeneinschlüsse zum Ausdruck gebracht wird, dürfte allerdings am Entstehen der Risse nicht unbeteiligt sein.

Zusammenfassung.

1) Das Material besitzt eine Zugfestigkeit von weniger als 4100 kg/qcm, im Gegensatz zu der Vermutung des Antragstellers, daß es sich um ein »härteres Material *F* II« handle.

2) Bei der Herstellung der Vernietung ist unsachgemäß verfahren, namentlich ein viel zu großer Nietdruck verwendet worden.

3) Die Nietköpfe sind bis zu 2 mm tief in das Blech gedrückt.

Die Rißbildung wird in erster Linie durch die unter 2) angeführte Feststellung zu erklären sein, mitbeteiligt erscheint die Verunreinigung des Materials.

14) Mantelblech aus Bayern.

Blechdicke rd. 15 mm.

a) Angaben, die der Materialprüfungsanstalt gemacht worden sind.

Der Kessel ist im Jahre 1895 für 8 at Ueberdruck gebaut[1]). Heizfläche 126 qm. Der Ueberhitzer ist erst 1910 hinzugefügt worden. Die Risse be-

[1]) Bei der Abnahme im Walzwerk hatten die Stäbe aus den rd. 15 mm starken Mantelblechen folgende Werte ergeben.

Zugfestigkeit *L*:	3520 kg/qcm	Bruchdehnung	35,0 vH
» *Q*:	3680 »	»	37,0 »
» *L*:	3660 »	»	37,0 »
» *Q*:	3670 »	»	32,0 »

Da die Größe des ursprünglichen Stabquerschnitts nicht angegeben ist, lassen sich diese Dehnungswerte nicht mit den in der Materialprüfungsanstalt ermittelten vergleichen. Die bei der Abnahme und bei der Prüfung in Stuttgart ermittelten Zugfestigkeitswerte stimmen überein. Trotzdem kann nicht mit Bestimmtheit behauptet werden, daß die gerissene Blechtafel zu dem in dem Abnahmebericht erwähnten Material gehört, weil dieser eine Tafel Mantelblech weniger anführt, als die Herstellung des Kessels erfordert hat.

ginnen am letzten Ring des Unterkesselmantels, vergl. Abb. 127, rechts etwa 10 cm unter der Achse des Kessels, 4 cm vor der Bodennaht. Sie wurden bei der inneren Revision von der Feuerseite her entdeckt. Dabei wurde auch ein großer Klumpen Kesselstein, der von Ausschwitzungen herrührte, gefunden.

b) Ergebnisse der Untersuchung in der Materialprüfungsanstalt.

Das eingelieferte Stück zeigt Abb. 128, von der Feuerseite her gesehen. Die gestrichelt eingetragenen Risse dringen nicht durch das ganze Blech, sie gehen von der Feuerseite aus.

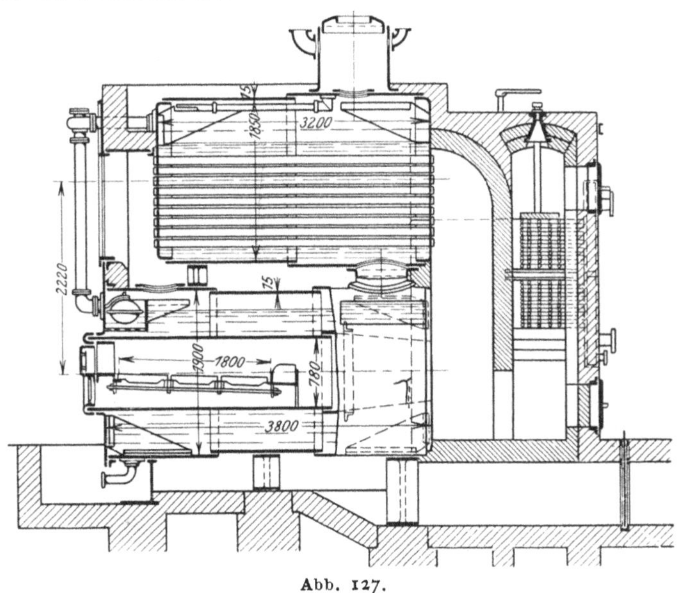

Abb. 127.

Die Ergebnisse der mechanischen Prüfung gehen aus Abb. 128 hervor. Danach beträgt im Durchschnitt:

Zustand	Zugfestigkeit kg/qcm senkrecht zur Kesselachse	Zugfestigkeit kg/qcm parallel zur Kesselachse	Bruchdehnung[1] vH senkrecht zur Kesselachse	Bruchdehnung[1] vH parallel zur Kesselachse	Querschnittverminderung vH senkrecht zur Kesselachse	Querschnittverminderung vH parallel zur Kesselachse
Einlieferung	3671	3635	27,4	27,5	67,3	60,9
ausgeglüht	3635	3675	29,3	28,6	67,4	61,9

Bei der Hartbiegeprobe ist einer der 4 geprüften Streifen gebrochen, wie Abb. 129 zeigt (Zugbeanspruchung auf der Wasserseite).

Schmiede- und Lochprobe wurden bestanden.

Bei der Kerbschlagprobe (Stäbe nach Abb. 1) wurden folgende Werte zum Bruch verbraucht:

	parallel zur Kesselachse			senkrecht zur Kesselachse			
Einlieferung . . .	2,7	9,3	7,8	13,9	14,0	13,9	mkg/qcm
ausgeglüht . . .	12,2	4,7	11,2	11,0	4,4	14,1	»

Das Material erweist sich hiernach als sehr ungleichartig.

Bei der metallographischen Untersuchung wies das Blech starke Schichtenbildung auf. Abb. 130 und 131 (Vergrößerung 150fach) sowie Abb. 132 (Ver-

[1]) Auf 200 mm bei rd. 3,14 qcm Stabquerschnitt.

größerung 375fach) geben Einschlüsse wieder, die im Blech in Stück M_1 vorhanden sind. Bemerkenswert erscheint namentlich auch die auf den beiden letzteren zu beobachtende »Kristall«-Form der Schlackenteile.

Eine Stelle vom Rande des Stückes M_1 (Wasserseite) zeigt Abb. 133 (Vergrößerung 30fach). Deutlich sind die langgestreckten Schlackeneinschlüsse sowie zahlreiche punktförmige Schlackenteile zu erkennen. In der Nähe der Schlackenadern befinden sich Narben, die mit grauem Stoff gefüllt sind. Innerhalb dieses Materials sind die ursprünglich vorhandenen Schlackenteile noch erhalten, wie Abb. 134 (Vergrößerung 150fach) bei *a-b* und *c-d* zeigt. (Die Schlackenteile sind mit Rücksicht auf die leichtere Kennzeichnung umrandet.)

Nahe der Mitte des Querschnitts von Stück M_2 enthält das Gefüge des Bleches auch die eigenartigen, wiederholt beschriebenen »Spalten«, vergl. z. B. Abb. 135 (Vergrößerung 150fach) bei *a*.

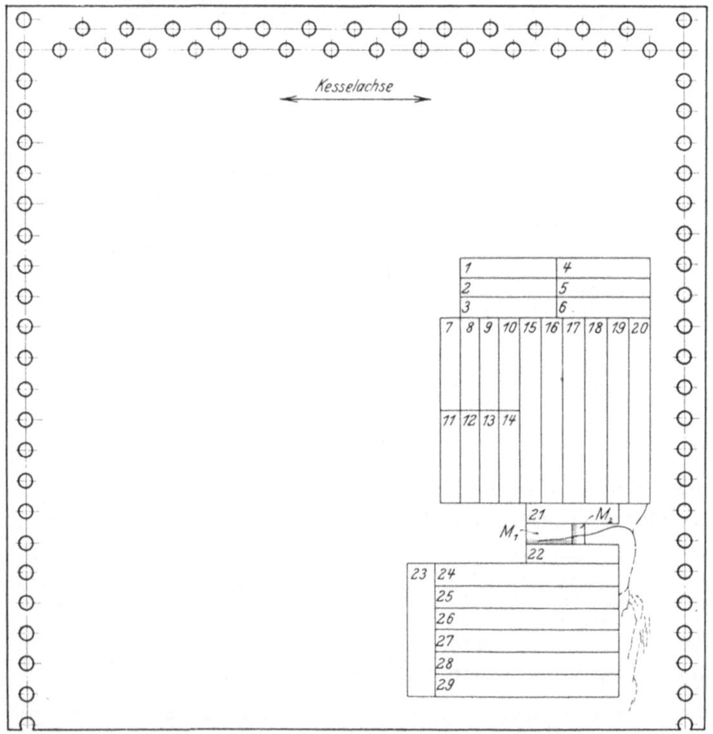

Abb. 128. **Ansicht von der Feuerseite.**

Zugversuche.

Stab	K_z kg/qcm	φ vH	ψ vH	Stab	K_z kg/qcm	φ vH	ψ vH
Zugstäbe,	Einlieferungszustand:			Zugstäbe,	ausgeglüht:		
15	3655	27,7	67,7	18	3615	28,4	67,2
16	3718	29,4	66,1	19	3659	30,0	67,2
17	3639	25,1	68,0	20	3632	29,5	67,9
24	3649	26,4	61,1	27	3670	28,0	62,3
25	—	—	—	28	3673	29,1	62,6
26	3620	28,5	60,7	29	3682	28,8	60,7

Hartbiegeproben: Stäbe 10, 14, 21, 22;
Schmiede- und Lochprobe: Stab 23;
Kerbschlagproben, Einlieferungszustand: Stäbe 11, 12, 13; 1, 2, 3;
» ausgeglüht: Stäbe 7, 8, 9; 4, 5, 6.

Wasserseite.

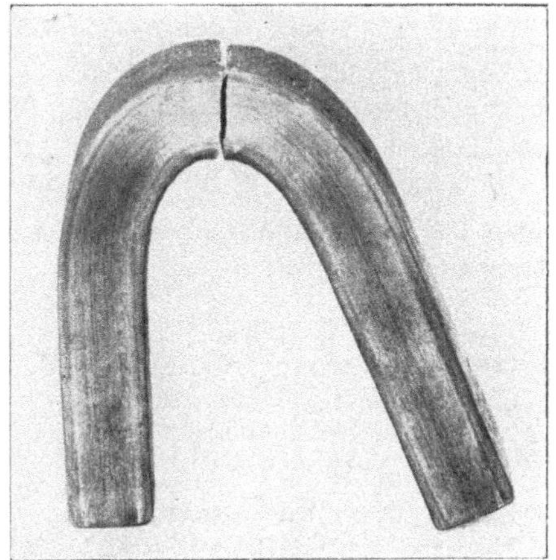

Abb. 129. Hartbiegeprobe, Stab 22.

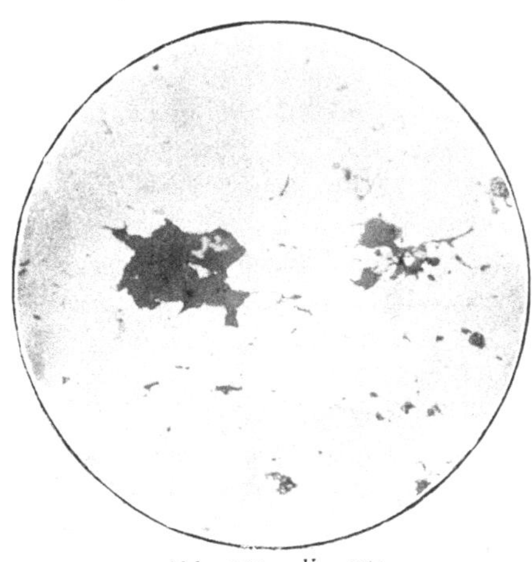

Abb. 130. V = 150.

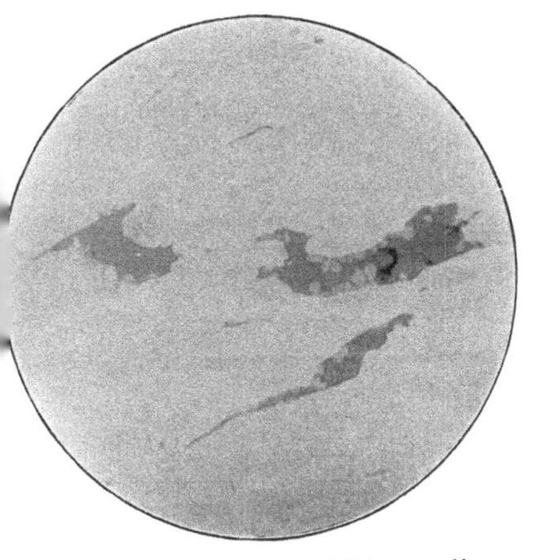

Abb. 131. Schlacken, »kristallisiert«. V = 150.

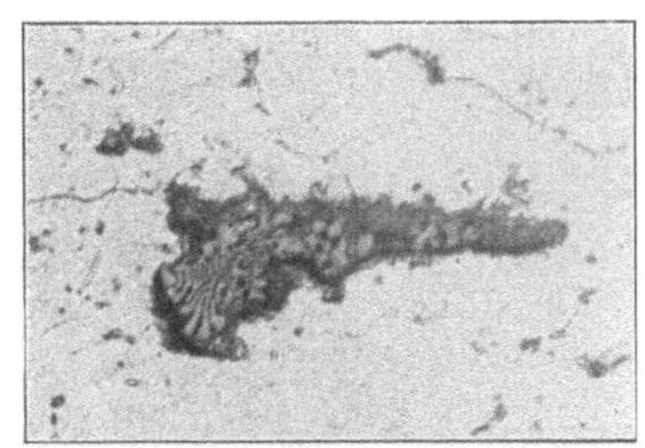

Abb. 132. Schlackeneinschluß, »kristallisiert«. V = 375.

Wasserseite.

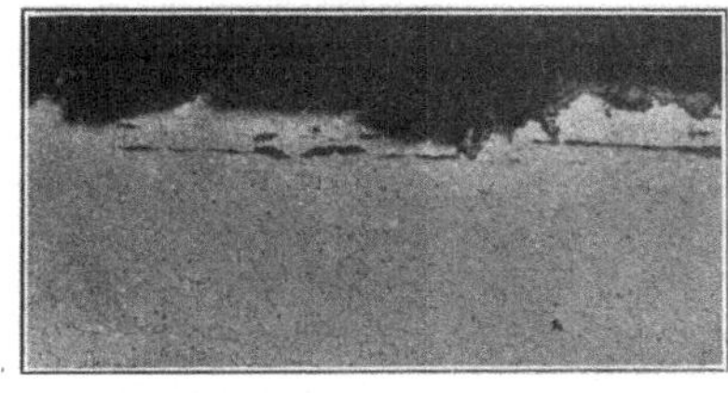

Abb. 133. Aus Stück M_1, Abb. 128. V = 30.

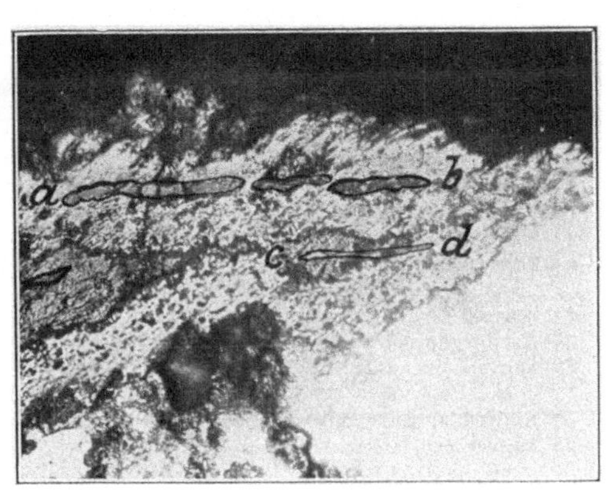

Abb. 134. V = 150.

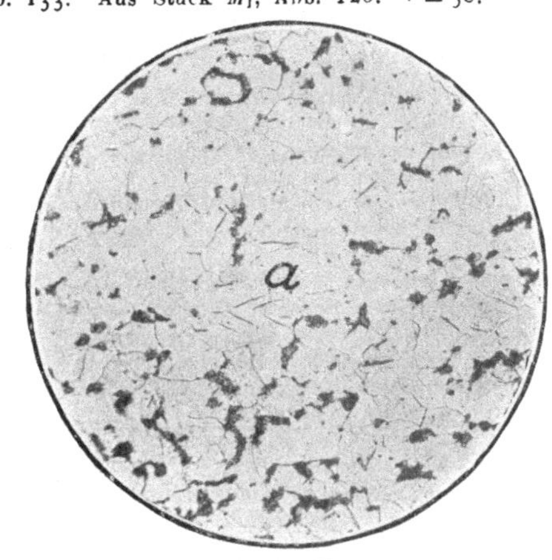

Abb. 135. V = 150.

Zusammenfassung.

1) Das Material gehört zu den Blechen mit Zugfestigkeit unter 4100 kg/qcm.

2) Bei der Hartbiegeprobe ist einer der 4 geprüften Streifen gebrochen.

3) Bei der Kerbschlagprobe hat sich das Material als sehr ungleichartig erwiesen.

4) Das Blech ist außergewöhnlich reich an z. T. in »Kristall«-Form auftretenden Schlackenstoffen. Das Gefüge weist »Spaltenbildung« auf.

15) Blechstück aus Württemberg.

Blechdicke rd. 18 mm.

a) Angaben, die der Materialprüfungsanstalt gemacht worden sind.

Das eingelieferte Blechstück stammt aus dem Mantel eines kombinierten Cornwallkessels für 8 at Ueberdruck, der 10 bis 12 Jahre im Betriebe stand. Bei der Wasserdruckprobe rissen das eingelieferte Blech sowie 3 weitere Blechtafeln.

b) Ergebnisse der Untersuchung in der Materialprüfungsanstalt.

Abb. 136 zeigt das eingelieferte Blechstück. Die gestrichelt gezeichneten Teile des Risses gehen nicht durch die ganze Blechdicke. Der Anbruch ist von außen her erfolgt.

Abb. 137 gibt die Rißfläche wieder. Die hellen, durch Umrandung hervorgehobenen Teile sind erst beim Abbiegen ganz durchgebrochen.

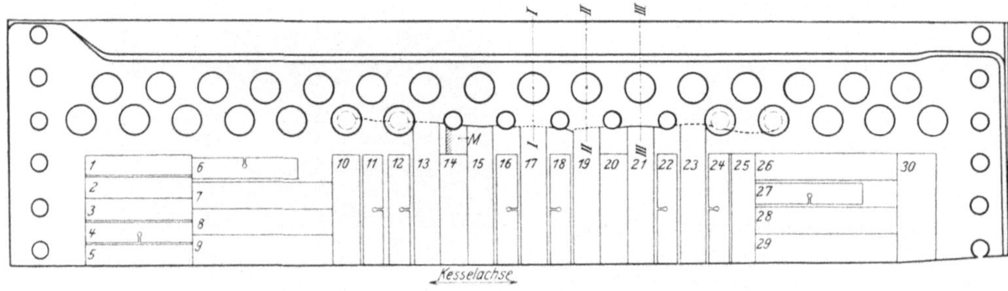

Abb. 136. Ansicht von der Wasserseite.

1 Kerbschlagprobe, ausgeglüht A=8,4 mkg/qcm
3 Hartbiegeprobe bestanden
4 Kerbschlagprobe, ausgeglüht A = 8,8 «
5 Hartbiegeprobe bestanden
6 Kerbschlagprobe, Einlieferungszustand A = 7,3
7 Zugversuch, ausgeglüht Kz=3645, φ=28,4 vH, ψ = 61,3 vH
8} Zugversuche Kz=3613, φ=23,7 vH, ψ=61,0 vH
9} Einlieferungzustand Kz = 3610, ψ=58,2 vH
11 Kerbschlagprobe, Einlieferungszustand A=9,9
12 Kerbschlagprobe, augeglüht A = 13,8
13 Zugversuch, Einlieferungszustand K = 3692, ψ = 62,2 vH
15 Zugversuch, ausgeglüht Kz=3719, φ=25,2 vH, ψ = 64,9 vH
16 Kerbschlagprobe, Einlieferungszustand A=8,4
17 Zugversuch, Einlieferungszustand Kz = 3674, φ = 17,8 vH, ψ = 58,8 vH
18 Kerbschlagprobe, ausgeglüht A = 11,5
19 Zugversuch, ausgeglüht Kz=3731, φ=26,2 vH, ψ = 65,2 vH
20 Hartbiegeprobe bestanden
21 Zugversuch, Einlieferungszustand Kz = 3730, φ = 18,5 vH, ψ = 63,8 vH
22 Kerbschlagprobe, Einlieferungszustand A=12,5
23 Zugversuch, ausgeglüht Kz=3752, φ=26,9 vH, ψ = 65,6 vH
24 Kerbschlagprobe, ausgeglüht A = 12,2
25 Hartbiegeprobe bestanden
26 Zugversuch, ausgeglüht Kz=3724, φ=25,9 vH, ψ = 61,3 vH
27 Kerbschlagprobe, Einlieferungszustand A=1,1,
28 Zugversuch, ausgeglüht K_z = 377,3, φ = 21,5 vH, ψ = 57,8 vH
29 Zugversuch, Einlieferungszustand Kz=3658, φ = 24,8 vH, ψ = 59,5 vH
30 Schmiede- und Lochprobe bestanden.

Ueber die Unvollkommenheit, mit welcher die Nietlöcher aufeinanderpassen, geben die Abb. 138, 139 und 140 Auskunft.

Die Ergebnisse der mechanischen Prüfung sind unter Abb. 136 angeführt. Die Durchschnittswerte sind nachstehend angegeben.

Richtung zur Kesselachse	parallel			senkrecht		
Zustand	Zugfestigkeit kg/qcm	Bruchdehnung [1]) vH	Querschnittverminderung vH	Zugfestigkeit kg/qcm	Bruchdehnung vH	Querschnittverminderung vH
Einlieferung	3627	24,3	59,6	3699	18,2	61,3
ausgeglüht	3714	25,3	60,1	3734	26,1	65,2

Hartbiege-, Schmiede- und Lochprobe wurden bestanden.

Abb. 137. Rißfläche.

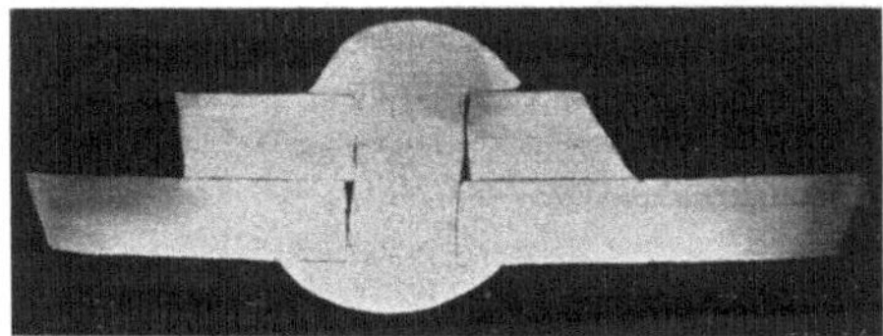

Abb. 138. Querschnitt I-I in Abb. 136.

Abb. 139. Nietverbindung mit gestanztem und nachgedorntem Loch. Querschnitt II-II in Abb. 136.

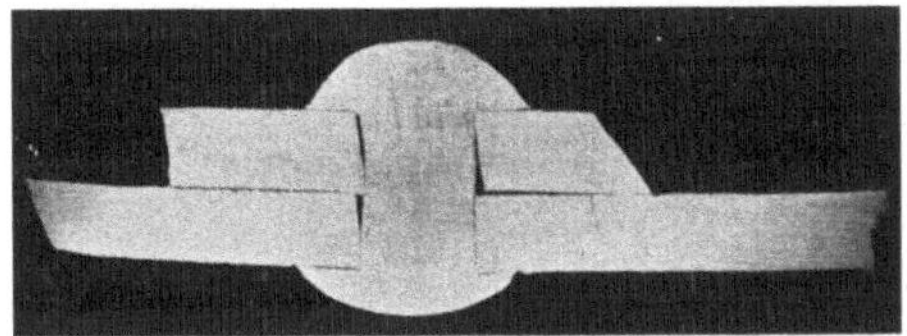

Abb. 140, Querschnitt III-III in Abb. 136.

Bei der Kerbschlagprobe (Stäbe nach Abb. 1) wurden folgende Arbeitsmengen zum Bruch verbraucht (Mittelwerte).

Richtung zur Kesselachse	parallel	senkrecht
Einlieferungszustand . . .	4,2	10,3 mkg/qcm
ausgeglüht	8,6	12,5 »

Stab 27 weist einen sehr geringen Arbeitsverbrauch auf (1,1 mkg/qcm gegenüber 7,3 bis 12,5 mkg/qcm bei den übrigen im Einlieferungszustand geprüften Stäben).

Bei der metallographischen Untersuchung zeigte sich, daß die Nietlöcher gestanzt sind. Abb. 141 gibt die hervorgehobene Fläche an Stück *M*, Abb. 136, wieder. Der Querschnitt durch das Nietloch bildet auf der linken Seite die Begrenzung der Abbildung. Wie ersichtlich, sind die dunkeln Schichten am Lochrand stark abgebogen. Ausbohren hat also nach dem Stanzen nicht statt-

[1]) Bruchdehnung auf 200 mm entsprechend der Beziehung $11{,}3\sqrt{f}$.

gefunden. Die Betrachtung durch das Mikroskop ergibt, daß das Material am Lochrand zerquetscht ist. Hieraus ist zu schließen, daß das Blech an dieser Stelle nach dem Lochen nicht mehr ausgeglüht, auch nicht im rotwarmen Zustand gerichtet worden sein kann.

Die Untersuchung des Gefüges an den in Abb. 141 mit *a*, *b* und *c* bezeichneten Stellen ergab, daß das Material an groben und feinen Schlackeneinschlüssen außerordentlich reich ist. Diese besitzen in Abb. 142 (Vergrößerung 75fach), welche das Gefüge der Stelle *b*, Abb. 141, wiedergibt, graue Farbe.

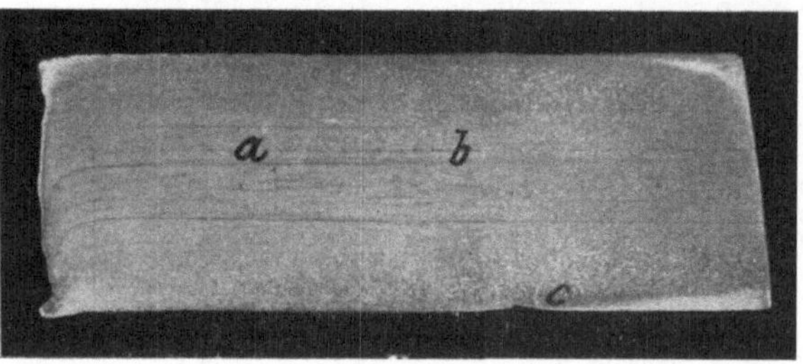

Abb. 141. Stück *M* Abb. 136. $V = 1{,}5$.

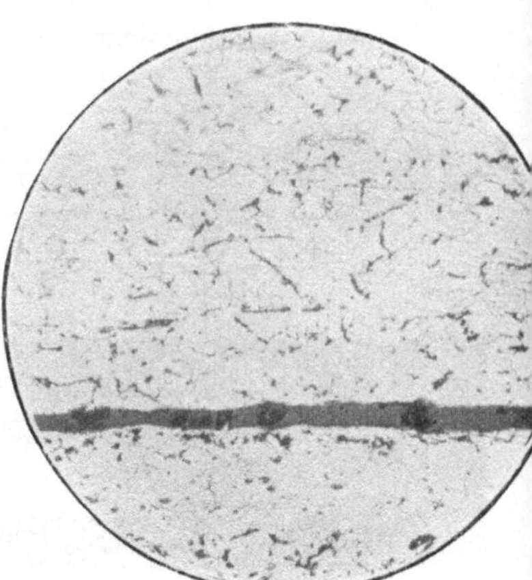

Abb. 142. Stelle *b*, Abb. 141. $V = 75$.

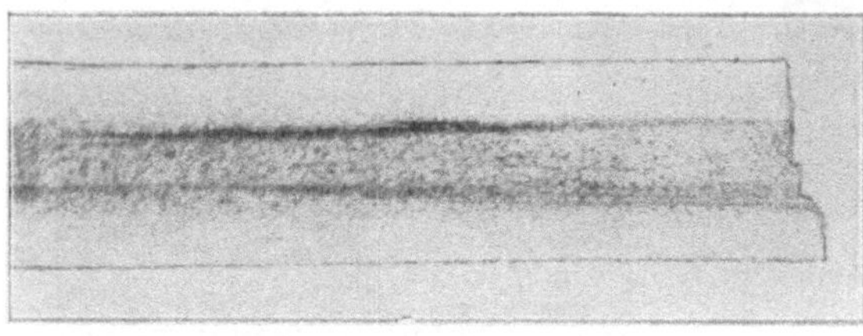

Abb. 143. Selbstdruck von Stab 14.

Ferner wurde auf eine Seitenfläche des Stabes 14 ein Stück mit verdünnter Schwefelsäure (5 vH) getränkten Bromsilberpapiers aufgedrückt. Dabei ergab sich der Abdruck Abb. 143. Die mittlere Zone des Bleches ist dunkler gefärbt, außerdem treten tiefdunkle Streifen zutage. Dies weist darauf hin, daß das Material an den mehr gefärbten Stellen (insbesondere durch Schwefel) stärker verunreinigt ist. (Fixieren der Schwefeldrucke erfolgt wie bei Photographien.)

Weitere Probestücke wurden den Enden der Kerbschlagstäbe 27 und 6, von denen der erstere zum Bruch sehr geringe Arbeit verbraucht hat, entnommen. Die Betrachtung unter dem Mikroskop ergab, daß das Material bei Stab 27 an Schlackenstoffen weit reicher ist als bei Stab 6.

Anzeichen für stattgehabtes Verbrennen oder Ueberhitzen ließen sich nicht beobachten.

Zusammenfassung.

1) Das Material besitzt eine Zugfestigkeit von weniger als 4100 kg/qcm. Es befriedigt die Anforderungen der deutschen Materialvorschriften für Landdampfkessel.

2) Die Nietlöcher sind gestanzt. Sie passen stellenweise schlecht aufeinander, weshalb Nachdornen, z. T. recht kräftiges, stattgefunden hat. (Vergl. insbesondere Abb. 139.)

3) Das Material enthält viele grobe und feine Schlackenteile. (Vergl. Abb. 142 und 143).

4) Bei der Kerbschlagprobe erweist sich das Material als ungleichartig.

Für die eingetretene Rißbildung sind nach dem Vorstehenden die Ursachen in den Feststellungen Ziffer 2), 3) und 4) zu suchen.

16) Stück von einem Wellflammrohr aus Baden.

Blechdicke 9,9 bis 11,4 mm, vergl. Abb. 144.

a) Angaben, die der Materialprüfungsanstalt gemacht worden sind.

Das eingelieferte Stück stammt vom hinteren Ende eines Wellflammrohrschusses, der am vorderen Ende nach nur 9-wöchigem Betriebe Risse gezeigt hatte. Letztere sind aus Abb. 145, das eingelieferte Stück aus Abb. 144 zu erkennen. Angaben über die Lage des zur Untersuchung gelangten Blechstückes in bezug auf die Risse fehlen.

b) Ergebnisse der Untersuchung in der Materialprüfungsanstalt.

Die Stelle M_3, Abb. 144, erwies sich als stark narbig, wie Abb. 146 erkennen läßt. In der Nähe war die Dicke des Bleches um fast 1,5 mm geringer als am anderen Ende der Tafel. Der infolgedessen hergestellte Schliff ließ nach dem Aetzen erkennen, daß die narbige Stelle eine überlappte Schweißnaht enthielt, vergl. Abb. 147. Letztere Abbildung läßt ferner erkennen, daß die dunkle Mittelschicht, die am rechten Ende zu beobachten ist, nach der linken Seite hin verschwindet. Dies deutet darauf hin, daß die Tafel, aus der das Wellrohr hergestellt ist, quer zur Walzrichtung gerollt und an den so zusammenstoßenden Längsrändern geschweißt worden ist. Diese Lage der Walz-

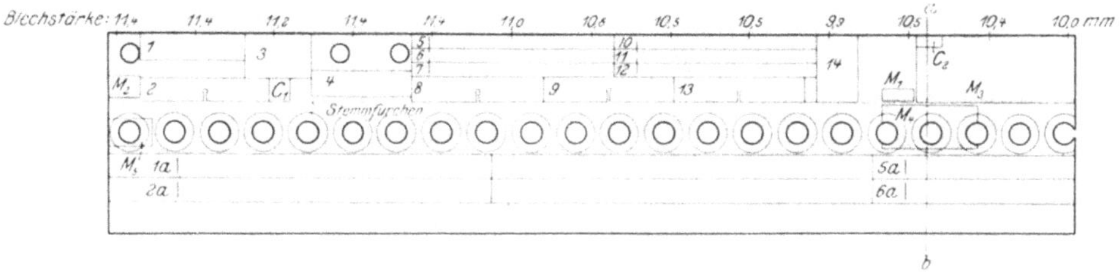

Abb. 144.

1 Hartbiegeprobe bestanden
2 Kerbschlagprobe, Einlieferungszustand $A = 15,1$
3 Schmiedeprobe bestanden
4 Hartbiegeprobe bestanden

		Kz	φ	ψ
4	Zugversuche, ausgeglüht	3878	28,2 vH	62,6 vH
6		3867	31,8 »	66,4 »
7		3856	26,4 »	64,6 »

8 Kerbschlagprobe, ausgeglüht $A = 15,7$
9 » Einlieferungszustand $A = 16,1$

		Kz	φ	ψ
10	Zugversuche, Einlieferungszustand	3959	17,7 vH	61,3 vH
11		3974	16,7 »	62,3 »
12		3982	15,1 »	61,4 »

13 Kerbschlagprobe, ausgeglüht $A = 19,6$
14 Lochprobe bestanden

		Kz	φ	ψ
1a	Zugversuche, Einlieferungszustand	4037	19,5 vH	52,3 vH
2a		3683	16,5 »	56,7 »
5a	Zugversuche, ausgeglüht	3228	26,0 »	73,7 »
6a		3312	20,6 »	68,8 »

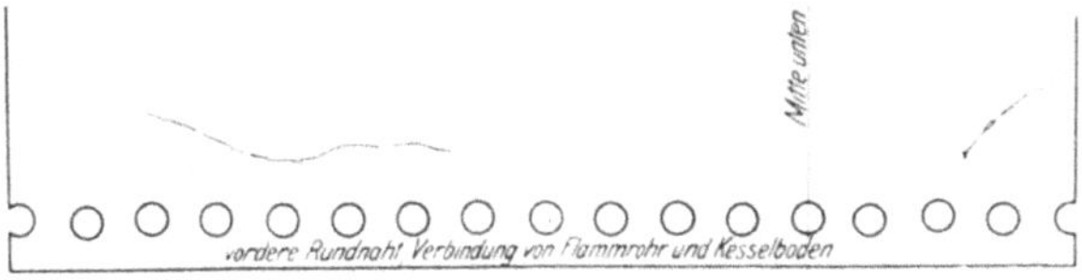

Abb. 145.

richtung wurde durch weitere Untersuchungen bestätigt. Zu diesem Zwecke wurde ein Schnitt angenähert parallel zur Walzhaut geführt, wie in Abb. 148 angedeutet. Um mit Sicherheit eine der Schichten zu treffen, die an Kohlenstoff oder an Schlackenteilen reicher sind, wurde die eingezeichnete Neigung der Schnittebene angeordnet. Abb. 149 (Vergrößerung 75fach) zeigt ein dort beobachtetes Gefügebild. Die Längsrichtung der Einschlüsse liegt parallel zur Kesselachse.

Weitere Gefügebilder aus der Nähe der Schweißnaht (Stück M_1) zeigen die Abb. 150 und 151 (Vergrößerung je 75fach) sowie 152. Sie lassen das Vorhandensein grober und feiner Poren sowie Schlackenteile erkennen. Zu bemerken ist ferner, daß Abb. 150 und 151 sehr wenig Perlit enthalten (d. s. die

Abb. 146. Stück M_3, Abb. 144.

Abb. 147. Querschnitt, der in Abb. 146 unten liegt.

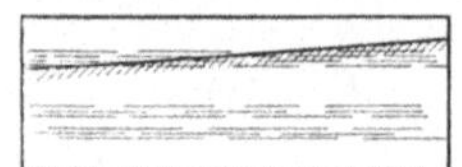

Abb. 148.

dunkeln Inseln auf Abb. 149), was auf geringen Kohlenstoffgehalt hindeutet. Die chemische Analyse, ausgeführt von den Herren Hundeshagen und Dr. Philip in Stuttgart, hat in Uebereinstimmung hiermit ergeben:

für das Material bei C_1 Abb. 144 (ganze Blechdicke) . . 0,122 vH Kohlenstoff,
» » » C_2 » 144 » » . . 0,082 » »

Die Ergebnisse der mechanischen Prüfung sind unter Abb. 144 angegeben. Die Zugfestigkeit des Bleches im ausgeglühten Zustand betrug im Durchschnitt 3867 kg/qcm, die Bruchdehnung auf $l = 11,3 \sqrt{f} = 120$ mm, 28,8 vH. An der Schweißstelle betrug die Zugfestigkeit nur 3228 und 3312 kg/qcm, die Bruchdehnung auf 100 mm (Querschnitt 1,1 qcm) 26,0 bezw. 20,6 vH. Durch das Schweißen hat also das Blech weitgehende Schädigung erfahren, wie insbesondere auch Abb. 152 deutlich zeigt.

Hartbiege-, Schmiede- und Lochprobe wurden bestanden.

Die Kerbschlagprobe (Stäbe nach Abb. 1) lieferte beträchtliche Werte für die zum Bruch verbrauchte Arbeit (15,1 bis 19,6 mkg/qcm).

Das Material erweist sich hiernach nicht als schlecht, doch ist es beim Schweißen verdorben worden.

Im Zusammenhang hiermit erscheint ein Gefügebild von Interesse, das bei der Betrachtung des Stückes M_5 beobachtet wurde. Wie Abb. 153 (Vergrößerung 100fach) zeigt, sind neben der Stemmfurche, die dort infolge der Beleuchtung als dunkler breiter Streifen erscheint, feine Spalten *a* zu beobachten, die

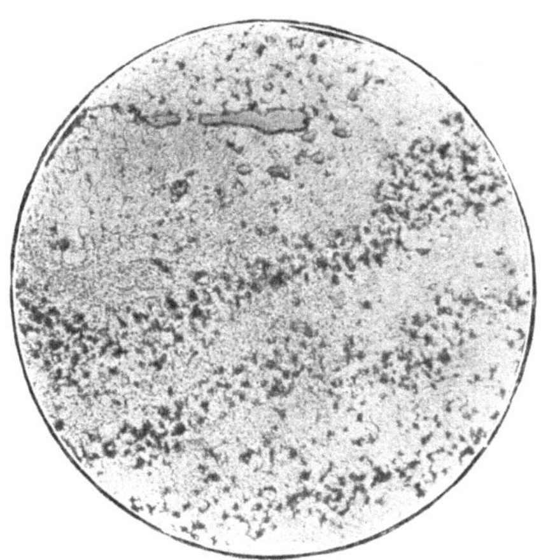

Abb. 149. Stück M_5, Abb. 144. $V = 75$.

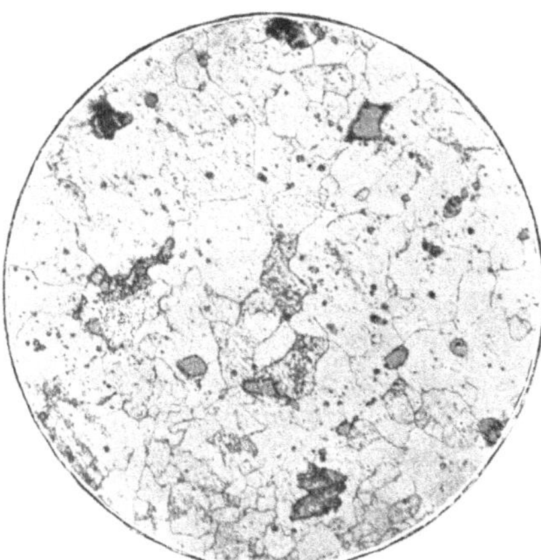

Abb. 150. Stück M_1, Abb. 144. $V = 75$.

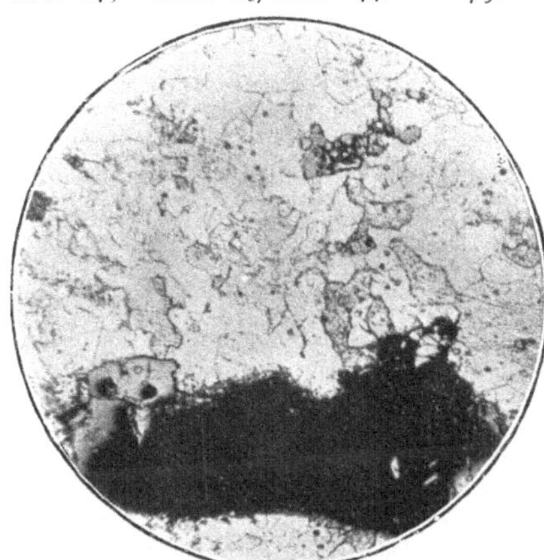

Abb. 151. Stück M_1, Abb. 144. $V = 75$.

Abb. 152. Verdorbene Schweißstelle. $V = 1,8$.

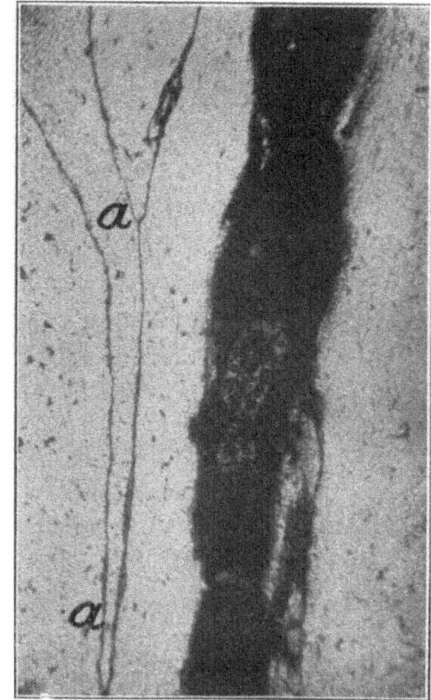

Abb. 153. Stück M_5, Abb. 144. $V = 75$. Stemmfurche.

anscheinend beim Verstemmen infolge der Verschiebung des Materials als eine Art Faltenbildung entstanden sind. Diese feinen Spalten stellen sehr scharfe Kerben dar, die bei empfindlichem Material zu Anrissen führen können. Dabei wird im Auge zu behalten sein, daß mit der Zerquetschung des Materials an der Stemmkante auch innere Spannungen usw. wachgerufen werden.

Zusammenfassung.

1) Die Zugfestigkeit des Materials liegt unterhalb 4100 kg/qcm. Das Blech befriedigt die Anforderungen der deutschen Materialvorschriften für Landdampfkessel.

2) Das eingelieferte Stück enthält eine Schweißnaht.

3) Durch das Schweißen hat das Material notgelitten.

4) Die Tafel ist quer zur Walzrichtung gebogen.

Ob die eingetretene Rißbildung mit den unter 2) und 3) angeführten Feststellungen zusammenhängt, konnte nicht ermittelt werden, weil das mit den Rissen behaftete Stück nicht zur Prüfung eingeliefert war.

Es erscheint jedoch von besonderem Interesse,

1) daß das Material mit der nachgewiesenen geringen Zugfestigkeit durch das Schweißen so weitgehend geschädigt worden ist,

2) daß diese Schädigung bei der Herstellung der Wellen nicht zum Ausdruck gelangte oder doch nicht zur Beseitigung des Flammrohres geführt hat; hierdurch erfährt die Bestimmung der Materialvorschriften für Landdampfkessel, wonach das zu Wellrohren verwendete Material eine Sonderstellung einnimmt, eine gewisse Beleuchtung.

17) Kesselblech aus Sachsen.

Blechdicke rd. 15 mm.

a) Angaben, die der Materialprüfungsanstalt gemacht worden sind.

Das Stück stammt aus dem Mantel eines Kessels mit Unterfeuerung und rückkehrenden Heizrohren (1908 für 10 at Ueberdruck gebaut). Nahe dem Dampfdom sowie einer Tragpratze in der Abdeckung des III. Feuerzuges bildete sich ein Riß. Das Blech war in der Kesselschmiede nicht im Feuer bearbeitet worden.

Das Mantelblech hatte nach Ausweis des Abnahmeattestes folgende Eigenschaften:

Längszugfestigkeit	3740	oder	3810 kg/qcm,
Bruchdehnung	31,0	»	31,5 vH,
Querzugfestigkeit	3760	»	3840 kg/qcm,
Bruchdehnung	30,0	»	29,5 vH.

b) Ergebnisse der Untersuchung in der Materialprüfungsanstalt.

Die Ergebnisse der Festigkeitsversuche sind unter Abb. 154 angegeben, die ebenso wie Abb. 155 das eingelieferte Stück wiedergibt.

Danach sind folgende Mittelwerte erlangt worden.

Richtung zur Kesselachse	senkrecht			parallel		
Zustand	Zugfestigkeit kg/qcm	Bruchdehnung [1]) vH	Querschnittverminderung vH	Zugfestigkeit kg/qcm	Bruchdehnung [1]) vH	Querschnittverminderung vH
Einlieferung . .	3773	27,6	65,9	3815	24,9	60,1
ausgeglüht . . .	3926	28,8	65,8	3811	26,1	61,9

[1]) Meßlänge $l = 11{,}3 \sqrt{f} = 150$ mm.

Bei der Hartbiegeprobe brachen die beiden parallel zur Kesselachse entnommenen Streifen in der aus Fig. 156 ersichtlichen Weise. Die senkrecht zur Kesselachse entnommenen beiden Streifen haben die Hartbiegeprobe bestanden. Schmiede- und Lochprobe wurden bestanden.

Ergebnisse der Kerbschlagproben (Stäbe nach Abb. 1).

Zustand	senkrecht zur Kesselachse	parallel zur Kesselachse
Einlieferung	13,0	8,8 mkg/qcm
ausgeglüht	13,2	9,2 » »

Abb. 157 zeigt die Umgebung des Nietloches *A*, Abb. 155, nach dem Ueberhobeln. Deutlich treten zahlreiche, in der Hauptsache radial gerichtete Risse hervor. Bemerkenswert erscheinen sodann die Linien *a-b-c* und *d-e-f*. Zur

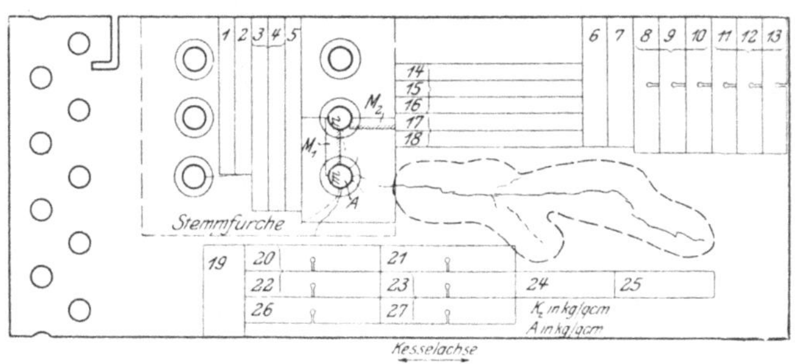

Abb. 154. Ansicht von der Wasserseite.

2 Zugversuch, ausgeglüht $Kz=3966$ $\varphi=26,8$ vH, $\psi=65,5$ vH

		Kz	φ	ψ
3	Zugversuche,	3744	28,1 vH	65,9 vH
4	Einlieferungszustand	3801	27,0 »	65,9 »

5 Zugversuch, ausgeglüht $Kz=3885$, $\varphi=30,8$ vH, $\psi=66,1$ vH

6 Hartbiegeprobe bestanden

7 » »

8, 9, 10 Kerbschlagproben, Einlieferungszustand $A=13,7$; $A=13,0$; $A=12,3$

11, 12, 13 Kerbschlagproben, ausgeglüht $A=14,3$; $A=12,7$; $A=12,7$

		Kz	φ	ψ
14	Zugversuche,	3791	24,6 vH	58,2 vH
15	Einlieferungs-	3774	24,7 »	61,6 »
16	zustand	3881	25,3 »	60,5 »
17	Zugversuche,	3808	25,5 »	61,6 »
18	ausgeglüht	3814	26,6 »	62,1 »

19 Schmiede- und Lochprobe bestanden

20, 21, 22 Kerbschlagproben, ausgeglüht $A=8,7$; $A=8,9$; $A=10,1$

26 Kerbschlagprobe, Einlieferungszustand $A=9,3$

23, 27 Kerbschlagproben, Einlieferungszustand $A=7,5$; $A=9,5$

24 Hartbiegeprobe nicht bestanden

25 » » »

Abb. 155. Ansicht von der Feuerseite.

Ermittlung, ob es sich hier um Walzsplitter handelt, wurde der Schnitt *g-h*, Abb. 157, ausgeführt. Ein Teil des letzteren ist in Abb. 158 abgebildet. Die Betrachtung unter dem Mikroskop zeigt deutlich, daß tatsächlich ein Walzsplitter vorliegt, vergl. Abb. 159 (Vergrößerung 75 fach), insbesondere auch die zahlreichen Oxydteile. Abb. 160 (Vergrößerung 75 fach) bildet einen Teil des kleinen, auf Abb. 158 im unteren Drittel ersichtlichen Einschlusses ab. Der eigenartige

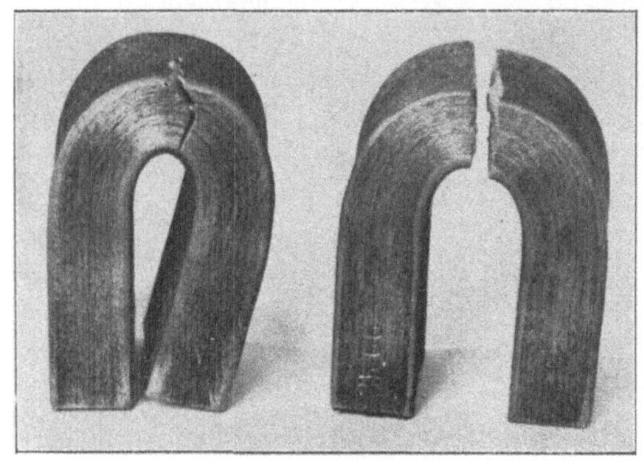

Abb. 156. Hartbiegeproben.

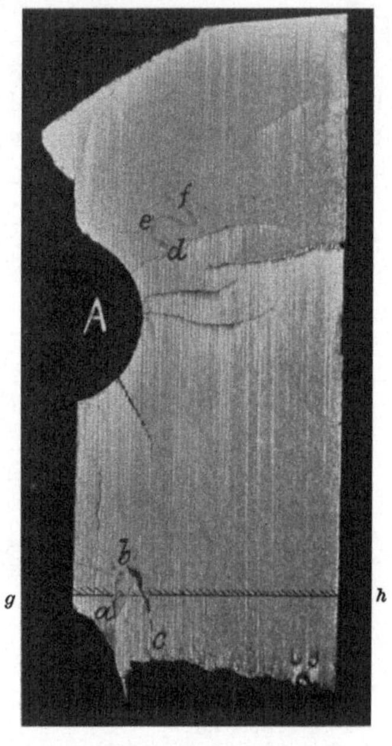

Abb. 157. Nietloch *A*, Abb. 155.

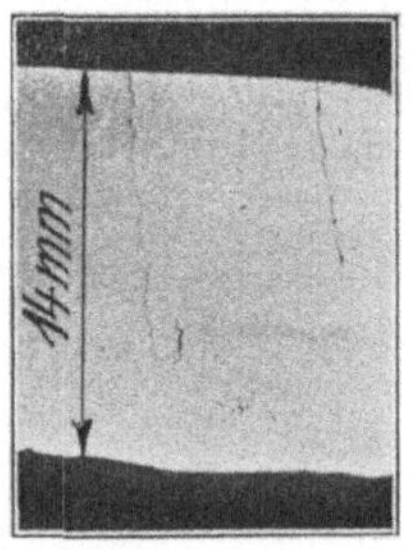

Abb. 158. Aus der Schnittfläche *g-h*, Abb. 157.

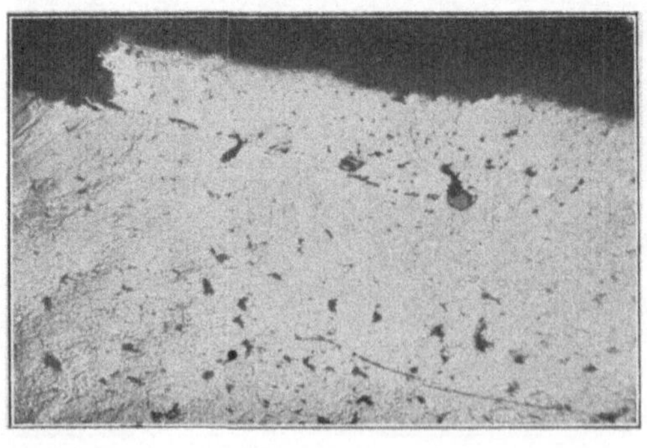

Abb. 159. $V = 75$.

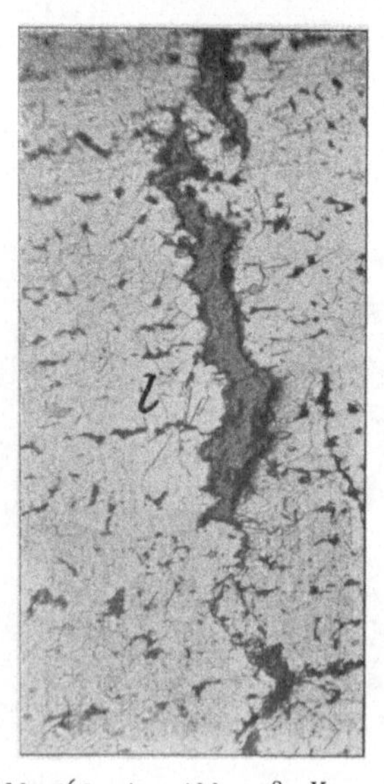

Abb. 160. Aus Abb. 158. $V = 75$.

Verlauf des Risses macht es wahrscheinlich, daß die Bildung desselben nicht ausschließlich im Betriebe erfolgt ist. Ferner sind bei *l* Spalten vorhanden.

Ein zweiter Querschnitt wurde bei *m-n*, Abb. 154, ausgeführt. Anzeichen dafür, daß das Nietloch durch Stanzen hergestellt wäre, ließen sich nicht beobachten. Doch ist beim Nieten sehr gewaltsam verfahren worden. Das Material enthält auch Schlackenteile in großer Menge.

Ueber die Untersuchung der aus Abb. 155 hervorgehenden sehr mangelhaften autogenen Schweißung ist im Protokoll des Int. Verb. der Dampfk.-Ueberw.-Vereine 1912 S. 48 u. f. berichtet.

Zusammenfassung.

1) Das Material besitzt eine Zugfestigkeit von unter 4100 kg/qcm.

2) Bei der Hartbiegeprobe sind 2 Streifen gebrochen.

3) Das Blech enthält Walzsplitter und zahlreiche Schlackenteile.

Die eingetretene Rißbildung kann mit der Feststellung Ziffer 2) und 3) in Zusammenhang gebracht werden.

18) Kesselblech aus dem Elsaß.

Blechdicke rd. 18 mm.

a) Angaben, die der Materialprüfungsanstalt gemacht worden sind.

Das eingelieferte Stück stammt vom hinteren Ende der Sohle des ersten Mantelschusses eines Zweiwellflammrohr-Kessels (Heizfläche 81,4 qm, Rostfläche 2,4 qm, Betriebsdruck 10 at, erbaut 1901). Es war unmittelbar vor der Mauerzunge gelegen, die den 2. und 3. Schuß trennt.

Der Kessel sollte nach Beendigung der regelmäßigen Reinigung wieder in Betrieb genommen werden. Bei der vorher erfolgten Kaltwasserdruckprobe blieb der Druck bei 12 at stehen; hierbei wurde ein dumpfer Knall gehört. Vom Heizkanal aus konnte am unteren Teil der 2. Rundnaht starkes Lecken wahrgenommen werden. Bei der Besichtigung zeigte sich dort ein über 13 Niete sich erstreckender Riß. Etwas weiter nach vorn, ungefähr in der Mitte der Sohle des ersten Schusses, war eine 1340 × 650 mm große Ausbauchung (quer zur Kesselachse) mit etwa 12 mm Höhe vorhanden. Die Bruchflächen des erwähnten Risses zeigten keine alten Stellen.

Nach Entfernen der Niete trat zutage, daß die Löcher versetzt waren, was auch herausgeschlagene Niete deutlich erkennen ließen.

Der Kessel war 3 Monate Tag und Nacht betrieben worden unter Verwendung schlammhaltigen Wassers. Der angesammelte Schlamm reichte nach Angabe des Kesselreinigers fast bis an die Flammrohre. Die Innenwandungen sollen mit Teer gestrichen worden sein, der zu dick aufgetragen und zu einem Brei zusammengeschmolzen war, der unten im Kessel festbrannte.

In der Tat zeigte das eingelieferte Blech einen schwarzen Belag, der die vorhandenen Vertiefungen — Stemmfurchen, Kesselhammerhiebe u. s. f. — so verdeckte, daß sie erst an den ausgeglühten Stäben beobachtet werden konnten.

Hinsichtlich der Herstellung des Kessels liegen folgende Mitteilungen vor.

Beim Einsetzen des Ersatzschusses zeigte sich, daß er enger war (innerer Umfang 6592 mm) als der zweite Schuß, auf den er zu nieten war (äußerer Durchmesser 6630 mm). Es wird von dem Antragsteller für die vorliegende Untersuchung vermutet, daß diese Verhältnisse bei dem alten, gerissenen Schuß dieselben waren. Dieser würde dann gewaltsam eingepaßt und dadurch bedeutende innere Spannung erzeugt worden sein.

b) Ergebnisse der Untersuchung in der Materialprüfungsanstalt.

Einen Querschnitt durch das eingelieferte Blechstück — dieses geht aus Abb. 161 hervor — gibt Abb. 162 wieder. Die beträchtliche Höhe des Stemmgrates und die eigentümliche Verbiegung der Mantellinie würden mit der obigen Vermutung im Einklang stehen.

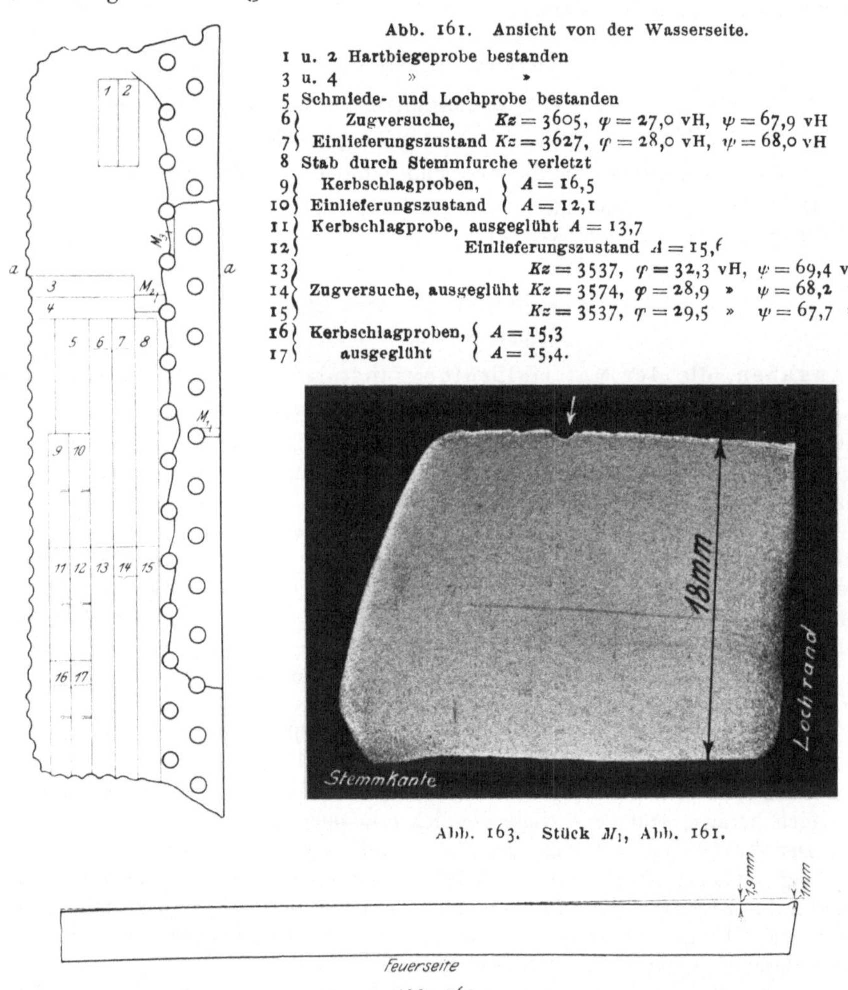

Abb. 161. Ansicht von der Wasserseite.

1 u. 2 Hartbiegeprobe bestanden
3 u. 4 » »
5 Schmiede- und Lochprobe bestanden
6, 7 Zugversuche, Einlieferungszustand $Kz = 3605$, $\varphi = 27,0$ vH, $\psi = 67,9$ vH; $Kz = 3627$, $\varphi = 28,0$ vH, $\psi = 68,0$ vH
8 Stab durch Stemmfurche verletzt
9, 10 Kerbschlagproben, Einlieferungszustand $A = 16,5$; $A = 12,1$
11, 12 Kerbschlagprobe, ausgeglüht $A = 13,7$; Einlieferungszustand $A = 15,6$
13, 14, 15 Zugversuche, ausgeglüht $Kz = 3537$, $\varphi = 32,3$ vH, $\psi = 69,4$ vH; $Kz = 3574$, $\varphi = 28,9$ » $\psi = 68,2$ »; $Kz = 3537$, $\varphi = 29,5$ » $\psi = 67,7$ »
16, 17 Kerbschlagproben, ausgeglüht $A = 15,3$; $A = 15,4$.

Abb. 163. Stück M_1, Abb. 161.

Abb. 162.

Die geschliffene und geätzte Fläche des Querschnittes an Stück M_1, Abb. 161, zeigt Abb. 163. Auch hier fällt die Höhe des Stemmgrates in die Augen. Die Nietlöcher sind gestanzt, wie besonders Abb. 164 deutlich erkennen läßt, die von Stück M_2 herrührt. An dem auf Abb. 163 dunkler erscheinenden Teil des Lochrandes ist das Gefüge stark verquetscht. Beachtenswert erscheint auch die Tiefe der Nietkopfstemmlinie (Pfeil in Abb. 163). Um eine größere Anzahl der Nietlöcher herum sind ferner außer den Stemmfurchen ringförmige

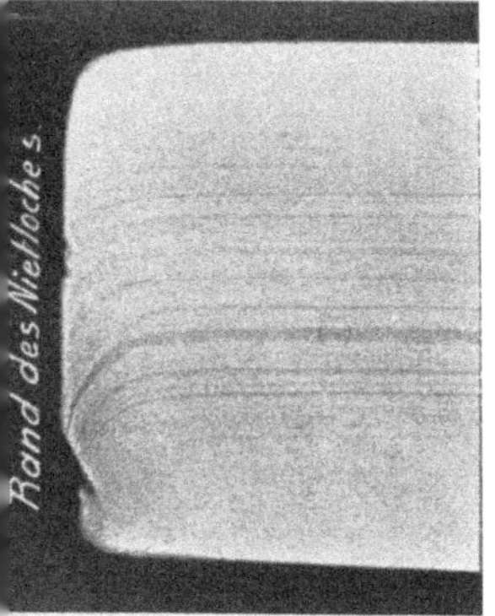

Abb. 164. Stück M_2, Abb. 161.

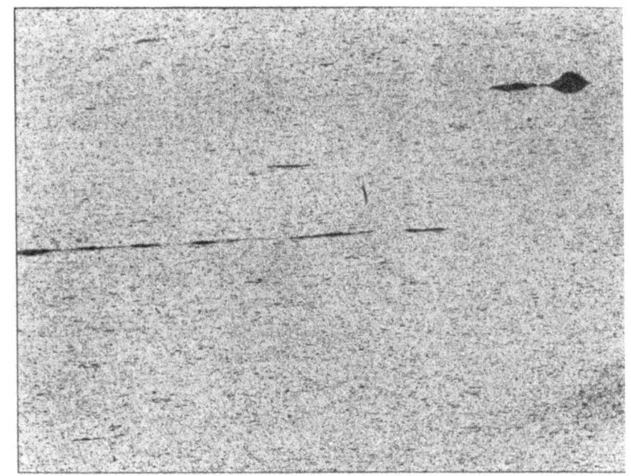

Abb. 166. Stück M_3, Abb. 161. $V = 15$.

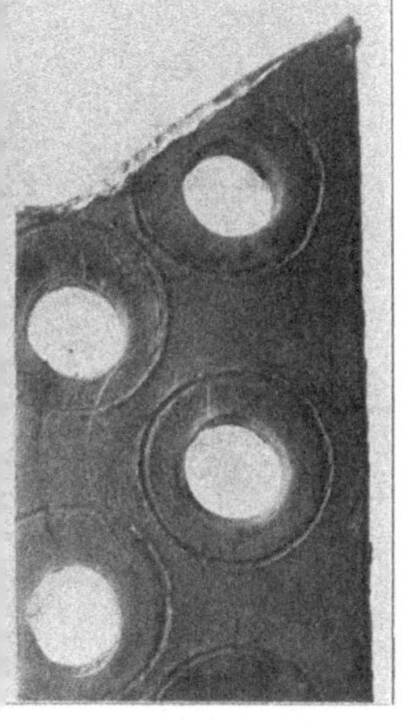

Abb. 165. Ringförmige Einprägungen um die Nietlöcher außerhalb der Stemmfurche.

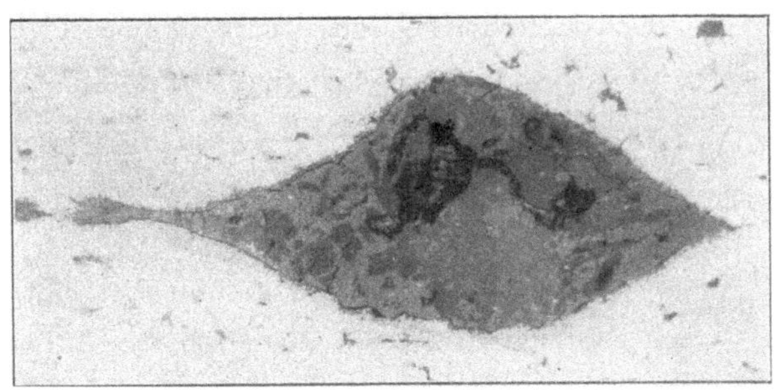

Abb. 167. Schlackeneinschluß, kristallisiert. $V = 150$.

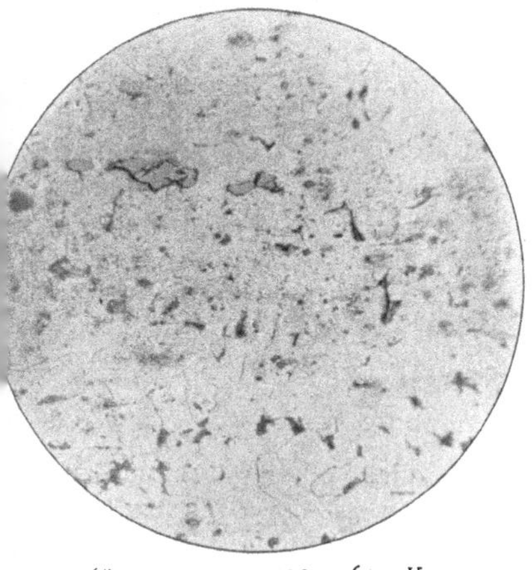

Abb. 168. Stück M_3, Abb. 161. $V = 150$.

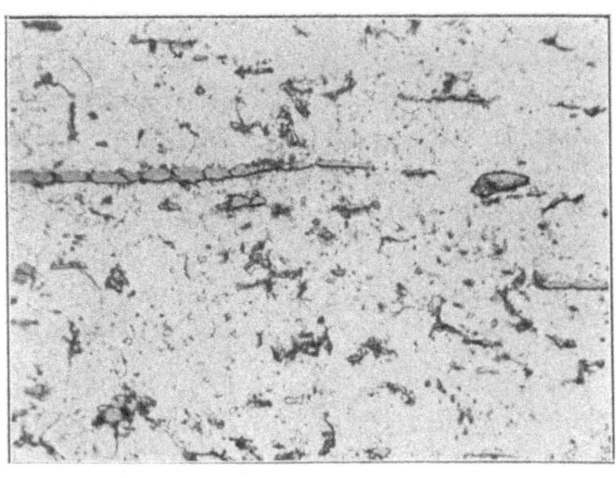

Abb. 169. Schlackenteile. $V = 150$.

Eindrücke zu beobachten, wie sie Abb. 165 zeigt, und die auf eine gewaltsame Behandlung des Kesselschusses hindeuten dürften.

Von dem in Abb. 161 durch Strichlage gekennzeichneten Querschnitt des Stückes M_3 ist eine Stelle in Abb. 166 (Vergrößerung 15fach) und in Abb. 167 (Vergrößerung 150fach) wiedergegeben. Das Blech enthält also zahlreiche, zum Teil wohlausgebildete (kristallisierte, Abb. 167) Schlackeneinschlüsse. Weitere solche sind in Abb. 168 und 169 (Vergrößerung je 150fach von Stück M_3 und M_2 herrührend, wiedergegeben. Diese Bilder zeigen die weitgehende Verunreinigung, die stellenweise vorhanden ist.

Anzeichen dafür, daß im Betriebe weitgehende Erhitzung des Bleches stattgefunden hat, sind nicht beobachtet worden. Die Heizgase besitzen am Ende des zweiten Zuges kaum eine Temperatur, die das Blech zum Erglühen bringen könnte, und es genügen geringere Wärmegrade zur Erzielung der Ausbeulung infolge Wärmestauung.

Die mechanische Prüfung hat folgende Werte geliefert:

Zustand	Zugfestigkeit kg/qcm	Bruchdehnung [1]) vH	Querschnittverminderung vH
Einlieferung	$\frac{3605 + 3627}{2} = 3616$	$\frac{27,0 + 28,0}{2} = 27,5$	$\frac{67,9 + 68,0}{2} = 68,0$
ausgeglüht	$\frac{3537 + 3574 + 3537}{3} = 3549$	$\frac{32,3 + 28,9 + 29,5}{3} = 30,2$	$\frac{69,4 + 68.2 + 67,7}{3} = 68,4$

Bei der Kerbschlagprobe wurde zum Bruch verbraucht (Stäbe nach Abb. 1)

im Einlieferungszustand . . $\frac{16,5 + 12,1 + 15,6}{3} = 14,7$ mkg/qcm

ausgeglüht . . . . $\frac{13,7 + 15,3 + 15,4}{3} = 14,8$ »

Hartbiege-, Schmiede- und Lochprobe wurden bestanden.

Zusammenfassung.

1) Die Zugfestigkeit des Materials liegt unter 4100 kg/qcm. Das Blech befriedigt die Anforderungen der deutschen Materialvorschriften für Landdampfkessel.

2) Die Nietlöcher sind gestanzt.

3) Das Blech weist Anzeichen für gewaltsame, unsachgemäße Behandlung auf.

4) Das Material enthält viele Schlackeneinschlüsse.

Die eingetretene Rißbildung dürfte mit den unter 2) bis 4) erwähnten Umständen (im Verein mit der erfolgten Ausbeulung infolge Wärmestauung) im Zusammenhang stehen. Inwieweit bei derselben die Einflüsse der Wartung des Kessels beteiligt sind, die, wenn die oben angeführten Angaben (Verschlammung bis zu den Flammrohren, Teeranstrich) zutreffen, nicht besonders sorgfältig gewesen zu sein scheint, muß dahingestellt bleiben.

19) Kesselblech aus Bayern.

Blechdicke rd. 13 mm.

a) Angaben, die der Materialprüfungsanstalt gemacht worden sind

Das eingelieferte Blech stammt vom hinteren Rand der Feuertafel eines im Jahre 1886 gebauten Heizrohrkessels mit Unterfeuerung. Vor der Reinigung

[1]) Meßlänge $l = 11,3 \sqrt{f} = 200$ mm bei $f =$ rd. 3,2 qcm.

erfolgte gewöhnlich Ablassen des Wassers kurz nach Einstellen des Betriebes, ohne die Abkühlung abzuwarten. Im Herbst 1910 wurde in der Feuertafel an der hinteren, nahe der Feuerbrücke gelegenen Rundnaht ein über 13 Nietlöcher sich erstreckender Riß bemerkt. Auch der anstoßende Blechschuß wies Nietlochrisse und Anbrüche auf. Die Feuertafel wurde aus dem Kessel herausgenommen und kalt gerade gerichtet. Sie erhielt dabei zahlreiche Risse.

b) Ergebnisse der Untersuchung in der Materialprüfungsanstalt.

Einen kleinen Teil der Tafel zeigt Abb. 170, das ganze eingelieferte Stück geht aus Abb. 171 hervor.

Abb. 170.

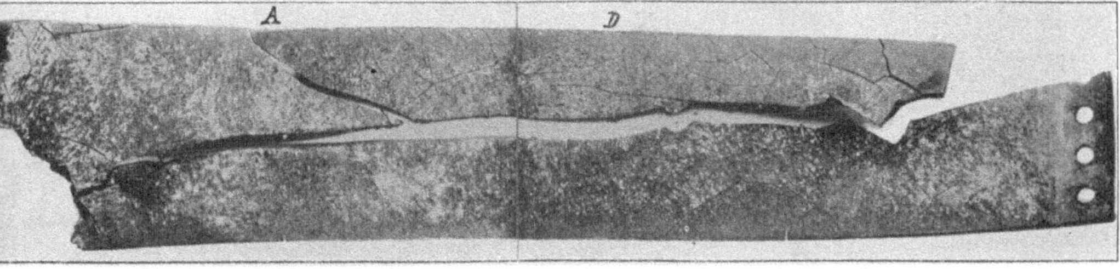

Abb. 171. Ansicht von der Wasserseite.

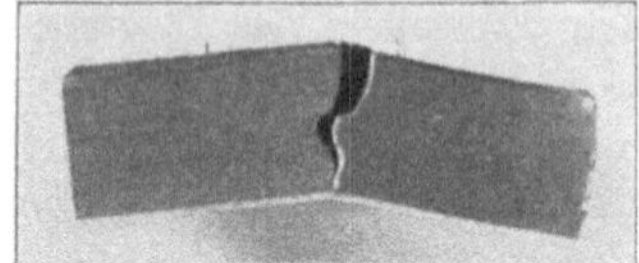

Abb. 172. Wasserseite, gezogen.

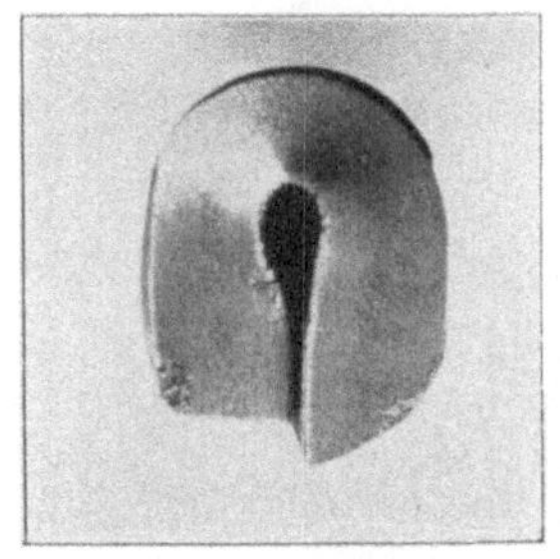

Abb. 173. Feuerseite, gezogen.

Scherenschnitt durch die Hiebschicht.

Scherenschnitt nach Entfernen der Hiebschicht.
Abb. 175.

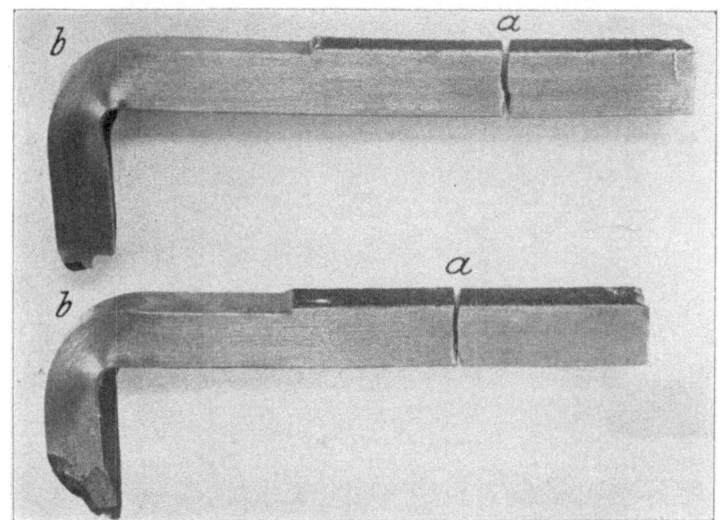

Abb. 174.

Abb. 176. $V = 150$.

Die größere Anzahl der Risse geht von der Wasserseite aus und durchdringt nicht die ganze Blechdicke. Bemerkenswert erscheinen auch die zahlreichen Anrisse, die beim Abschneiden längs der Linie *A-D*, Abb. 171, entstanden sind.

Ein Streifen wurde so gebogen, daß die Wasserseite Zugbeanspruchung erfuhr. Er ist gebrochen, wie Abb. 172 zeigt. Ein zweiter Streifen erfuhr Biegung in umgekehrter Richtung, so daß die Feuerseite gezogen war. Er ließ sich um 180° biegen, vergl. Abb. 173. Hieraus ergibt sich, daß das Material auf der Feuerseite zäh, auf der Wasserseite dagegen sehr spröde ist.

Die Wasserseite weist nun tiefe Narben auf, wie sie beim unvorsichtigen Abklopfen des Kesselsteines entstehen können, vergl. Abb. 170. Um festzustellen, ob hiermit die Sprödigkeit des Materials zusammenhängt (vergl. Abb. 170 bis 172), wurden folgende Versuche gemacht.

Zwei Streifen wurden in den Schraubstock gespannt und durch Hammerschläge zu biegen versucht. Sie sprangen glatt ab, wie Abb. 174 bei *a* erkennen läßt. Die Bruchflächen sind körnig.

Am anderen Ende wurde nun die von den Narben bedeckte Oberfläche des Bleches an der Wasserseite durch Abhobeln entfernt. Hierauf konnten die Stäbe um 90° — bis zur Anlage an den Backen des Schraubstockes — umgeschlagen werden. Risse sind nicht eingetreten, vergl. Stelle *b*, Abb. 174.

Die große Sprödigkeit ist also durch Entfernen der Hiebnarben beseitigt worden.

Dasselbe ergab auch ein Scherversuch. War die Walzhaut mit den Narben vorhanden, so entstanden Risse längs der Schnittkante (Abb. 175 bei *a-b*). Nach Abhobeln der zerhauenen Schicht treten solche Risse nicht mehr zutage (Abb. 175 bei *c-d*).

Die Betrachtung eines geschliffenen und geätzten Querschnitts unter dem Mikroskop zeigt, daß die Hiebnarben tief gehen (vergl. Abb. 176, Vergrößerung 150fach) und daß die Eisenkörner weitgehende Zerquetschung erfahren haben. Bei *a-b-c*, Abb. 176, ist z. B. nahezu ein keilförmiger Span herausgehauen worden, was auf nachdrückliche Anwendung des Kesselhammers schließen läßt.

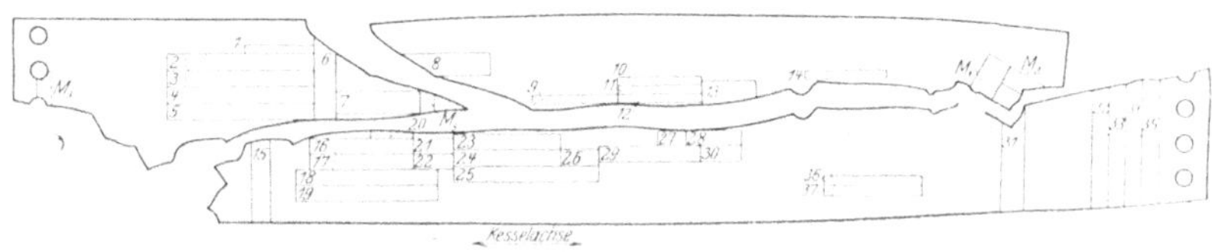

Abb. 177.

1 Kerbschlagprobe, Einlieferungszustand $A=0,5$
2 } Zugversuche, $Kz=4396$, $\varphi=23,8$ vH, $\psi=54,1$ vH
3 } ausgeglüht $Kz=4532$, $\varphi=23,5$ vH, $\psi=56,1$ vH
4 Zugversuch, Einlieferungszustnd $Kz=4151$, $\varphi=24,1$ vH, $\psi=58,3$ vH
6 } Hartbiegeprobe bestanden
7 } » »
8 } » »
9 Kerbschlagprobe, Einlieferungszustand $A=0,8$
10 } Kerbschlagproben, { $A=4,3$ mkg/qcm
11 } ausgeglüht { $A=4,6$ »
12 Kerbschlagprobe, Einlieferungszustand $A=0.7$
13 Scherversuch siehe Abb. 175
14 Kerbschlagprobe, ausgeglüht $A=1,2$
15 Hartbiegeprobe bestanden
16 } Zugversuche, Einlieferungszustand (s. Text)
17 } Streifen in der Dickenrichtung gespalten
18 Zugversuch, ausgeglüht $Kz=4377$, $\varphi=27,7$ vH, $\psi=55,1$ vH
19 Zugversuch, Einlieferungszustand $Kz=3507$, $\varphi=1,6$ vH, $\psi=2,2$ vH
21 Biegeprobe siehe Abb. 173
22 » » » 172
31 Hartbiegeprobe nicht bestanden

		Kz	φ	ψ
32 }	Zugversuche,	2721	0,9 vH	2,1 vH
33 }	Einlieferungzustand	2857	1,8 »	2,1 »
34 }	Zugversuche,	4255	28,5 »	66,0 »
35 }	ausgeglüht	4156	21,0 »	65,2 »

36 } Schlagproben
37 } siehe Abb. 174.

Nähere Darlegung über diese Frage enthält die Arbeit von C. Bach in der Zeitschrift des Vereines deutscher Ingenieure 1911 S. 1296.

Die bei der mechanischen Prüfung erlangten Einzelwerte sind bei Abb. 177 eingetragen und im Folgenden zusammengestellt.

Richtung	senkrecht zur Kesselachse			parallel zur Kesselachse		
Zustand	Zugfestigkeit kg/qcm	Bruchdehnung[1]) vH	Querschnitt-vermin-derung vH	Zugfestigkeit kg/qcm	Bruchdehnung[1]) vH	Querschnitt-vermin-derung vH
Einlieferung	2721 u. 2857	0,9 u. 1,8	2,1 u. 2,1	4151 u. 3507	24,1 u. 1,6	58,3 u. 2,2
ausgeglüht	4255 u. 4156	28,5 u. 21,1	66,0 u. 65,2	4377 u. 4532	23,5 u. 27,7	54,0 u. 56,1

Kerbschlagproben (Stäbe nach Abb. 2).

Einlieferung 0,5 bis 0,8; ausgeglüht 1,2 bis 4,6 mkg/qcm.

Weitere Probekörper wurden durch Spalten des Bleches in der Dickenrichtung erhalten. Ein Stab, der die Walzhaut an der Wasserseite enthielt (Dicke 0,5 cm, Blechdicke rd. 1,3 cm) ergab eine Zugfestigkeit von 3480 kg/qcm, Bruchdehnung 1,8 vH, Querschnittverminderung 1 vH. Das Material der Feuerseite (Dicke 0,5 cm) ergab Zugfestigkeit 4070 kg/qcm, Bruchdehnung 21,0 vH, Querschnittverminderung 60,0 vH. Abb. 178 zeigt die beiden ursprünglich gleich langen Stäbe (vergl. auch Abb. 172 bis 174).

An einem anderen Streifen des Materials wurde auf der Wasserseite ½ mm abgehobelt. Dann wurde er der Dicke nach in 3 Stäbe von je rd. 0,25 mm Dicke zerlegt. Es ergab sich:

Ort der Entnahme	Wasserseite	Blechmitte	Feuerseite
Zugfestigkeit	4048	4425	4100 kg/qcm
Bruchdehnung	21,6	20,7	23,1 vH
Querschnittverminderung .	56,0	45,8	58,3 »

Das Abhobeln der Wasserseite um nur ½ mm hat also genügt, um die Bruchdehnung, welche als ein Maß der Zähigkeit angesehen werden kann, im Vergleich mit den Stäben, welche die Kesselhammerhiebe noch enthalten, zu vervielfachen.

Bei der Hartbiegeprobe ist einer der 5 geprüften Stäbe in der aus Abb. 179 ersichtlichen Weise gebrochen (Zugbeanspruchung auf der Seite der Kesselhammerhiebe).

Schmiede- und Lochprobe konnten wegen Materialmangels nicht ausgeführt werden.

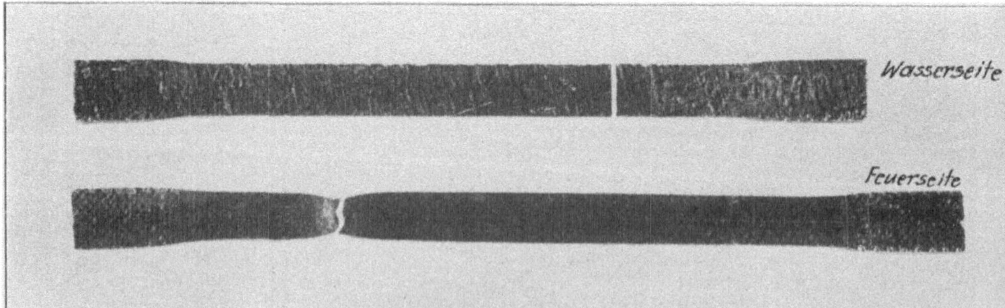

Abb. 178. Zwei ursprünglich gleich lange Stäbe.

[1]) gemessen auf $l = 11,3 \sqrt{f} = 130$ mm.

Die metallographische Untersuchung zeigte, daß das Material viele feine und gröbere Schlackeneinschlüsse enthält, vergl. z. B. Abb. 180 (Vergrößerung 75 fach, herrührend von Stück M_1). Die Anrisse in der Blechtafel zeigen häufig Neigung, in die Schichten, längs deren diese Einschlüsse besonders zahlreich sind, einzubiegen. Ferner sind im Innern der hellen Eisenkörner häufig eigenartige Spalten zu beobachten, wie Abb. 181 (Vergrößerung 150 fach) erkennen läßt. Diese Erscheinung ist wiederholt bei Kesselblechen festgestellt worden, die im Betriebe Risse erhalten haben (vergl. z. B. Zeitschrift des Vereines

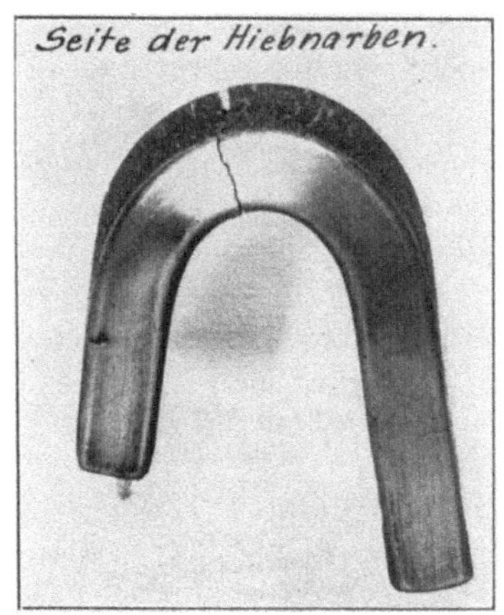

Abb. 179. Hartbiegeprobe, Stab 31, Abb. 177.

Abb. 180, Stück M_1, $V = 75$.

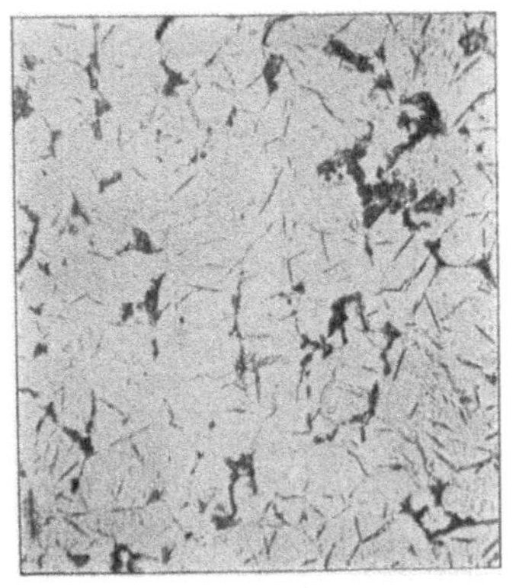

Abb. 181. »Spalten«. $V = 150$.

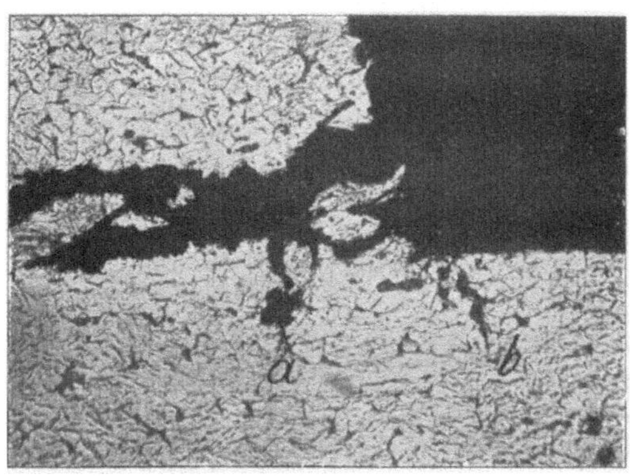

Abb. 182. Stück M_2. $V = 75$.

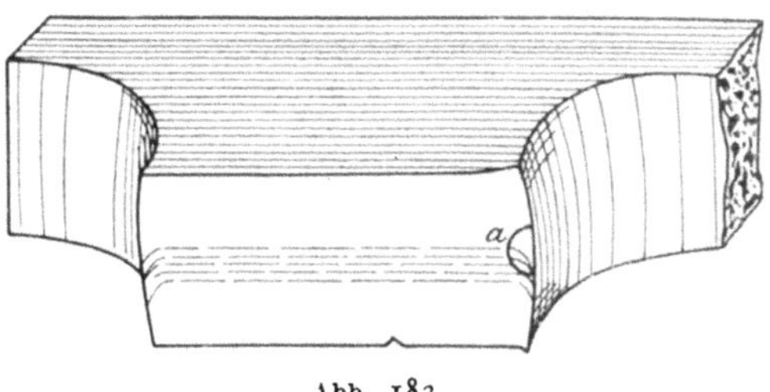

Abb. 183.

deutscher Ingenieure 1907 S. 750; 1910 S. 1809 und Abb. 135, 160, 214 u. f. vorliegender Arbeit) sowie an autogen geschweißten Blechen (vergl. z. B. Mitteilungen über Forschungsarbeiten, Heft 83/84 S. 18 Fußbemerkung, Abb. 45 Taf. IV, S. 28, Fußbemerkung Abb. 60 Taf. V, das bei Blech 17 erwähnte Protokoll, Fig. 4a).

Eine Stelle an der Bruchfläche von Stück M_2 zeigt Abb. 182 (Vergrößerung 75fach). Hier erscheinen die Einschlüsse, die auch senkrecht zur Schichtenrichtung auftreten (z. B. bei *a* und *b*) sowie das Aufspalten längs der wagerechten Schichten bemerkenswert. Auch Abb. 182 zeigt die weitgehende Verunreinigung des Materials durch Einschlüsse.

Die chemische Analyse, ausgeführt von den vereidigten Handelschemikern Dr. Hundeshagen und Dr. Philipp in Stuttgart, hat folgende Werte ergeben:

Kohlenstoff . . .	0,082 vH	Silizium . . .	0,005 vH
Mangan	0,45 »	Schwefel . . .	0,0066 »
Phosphor	0,109 »	Stickstoff . . .	0,008 »
Sauerstoff	0,026 »		

Der Querschnitt durch Stück M_3 ist in Abb. 183 skizziert. Die auftretenden Schichten weisen am Rande der Nietlöcher Umbiegung auf. Die Nietlöcher sind also — von der Wasserseite gegen die Feuerseite hin — gestanzt worden. Abb. 184 (Vergrößerung 75fach) gibt die Stelle *a*, Abb. 183, wieder

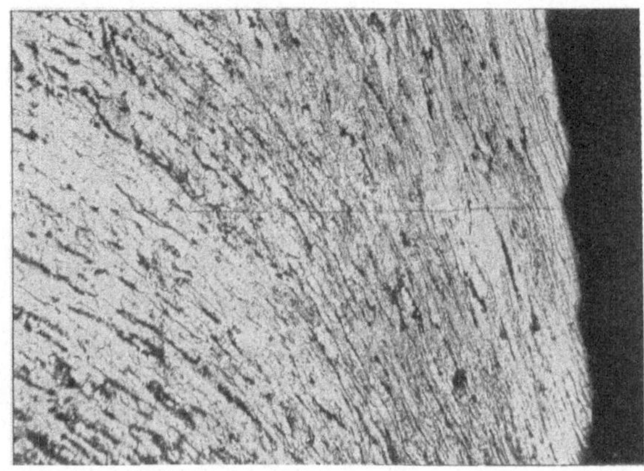

Abb. 184. Stelle *a*, Abb. 183. $V = 75$.

und läßt die weitgehende Streckung der Eisenkörner zutage treten. Da diese beim Ausglühen verschwinden würde, so kann letzteres nach dem Stanzen nicht stattgefunden haben. An den Nietlöchern sollen zuerst Risse aufgetreten sein.

Zusammenfassung.

1) Die Zugfestigkeit des Materials liegt über 4100 kg/qcm.

2) Bei der Hartbiegeprobe ist einer der 5 Streifen gebrochen.

3) Die Nietlöcher sind gestanzt, nachfolgendes Ausglühen hat nicht stattgefunden.

4) Das Blech weist Kesselhammerhiebnarben auf.

5) Das Blech ist stark verunreinigt. Es zeigt im Gefüge Spaltenbildung.

Zur Aufklärung der Rißbildung und der außergewöhnlichen Sprödigkeit, vergl. Abb. 171, dürften in erster Linie die Feststellungen unter 2) bis 5) dienen, unter Berücksichtigung der Betriebsverhältnisse.

20) Blechstück aus einem Seeschiffskessel.

Blechdicke rd. 36 mm.

a) Angaben, die der Materialprüfungsanstalt gemacht worden sind.

An dem Mantel des Kessels waren nach 1¼jährigem Betriebe Nietlochrisse entdeckt worden. Die Nietung war bei Frostwetter in der Kesselschmiede ausgeführt und die Naht vor dem Nieten durch Einstecken glühender Bolzen oder auch mit einer Benzinlampe leicht erwärmt worden. Beim Nieten fanden schwere Hämmer Verwendung, auch wurden Schläge auf die Platte gegeben, um die erforderliche Dichtung zu erzielen.

b) Ergebnisse der Untersuchung in der Materialprüfungsanstalt.

Eingeliefert wurde nur ein sehr kleines Stück, das in der Mitte ein Nietloch enthielt und in 4 Teile zerbrochen war, wie Abb. 185 zeigt. Auf einem Querschnitt durch das Loch wurde ein unterhalb des Nietkopfes sowie parallel zur Begrenzungslinie des kegelig erweiterten Loches verlaufender Riß beobachtet, vergl. Abb. 186 bei *a-b-c* (Vergrößerung 5-fach). Das Gefüge ist außerordentlich

Abb. 185.

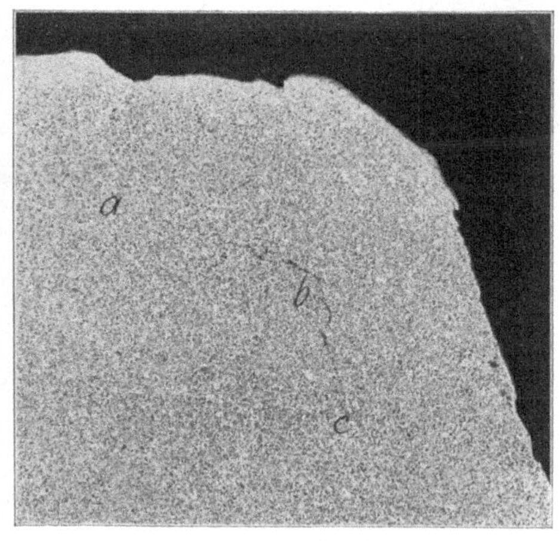

Abb. 186. Risse am Rande eines kegeligen Nietloches. $V = 5$.

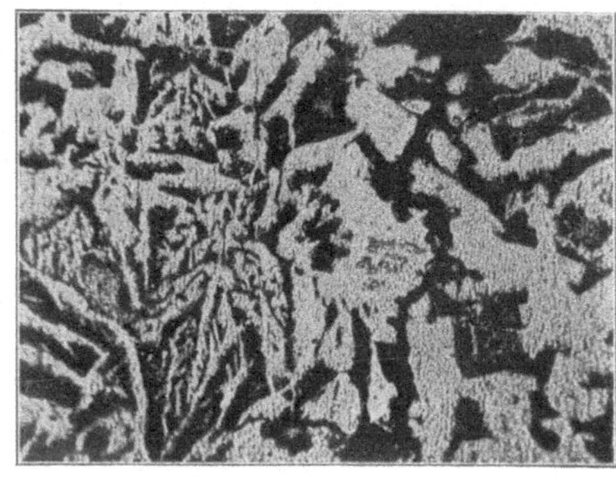

Abb. 187. Gefüge, auf ungünstige Wärmebehandlung hindeutend. $V = 150$.

grobkörnig. Dies geht auch aus Abb. 187 (Vergrößerung 150 fach) hervor. Die strahlige Anordnung der dunkeln Flecken des Perlits macht es wahrscheinlich, daß das Blech bei hoher Temperatur verhältnismäßig raschem Erkalten ausgesetzt worden ist. (Vergl. die in den Mitteil. über Forsch. Heft 83/84 S. 80 Fig. 254 bis 257 erwähnten Versuche.)

Die Zugfestigkeit der Stäbe und die ermittelte Bruchdehnung (auf 25 mm, Stabdurchmesser 0,5 cm) sind in Abb. 188 eingetragen. Die erstere betrug im

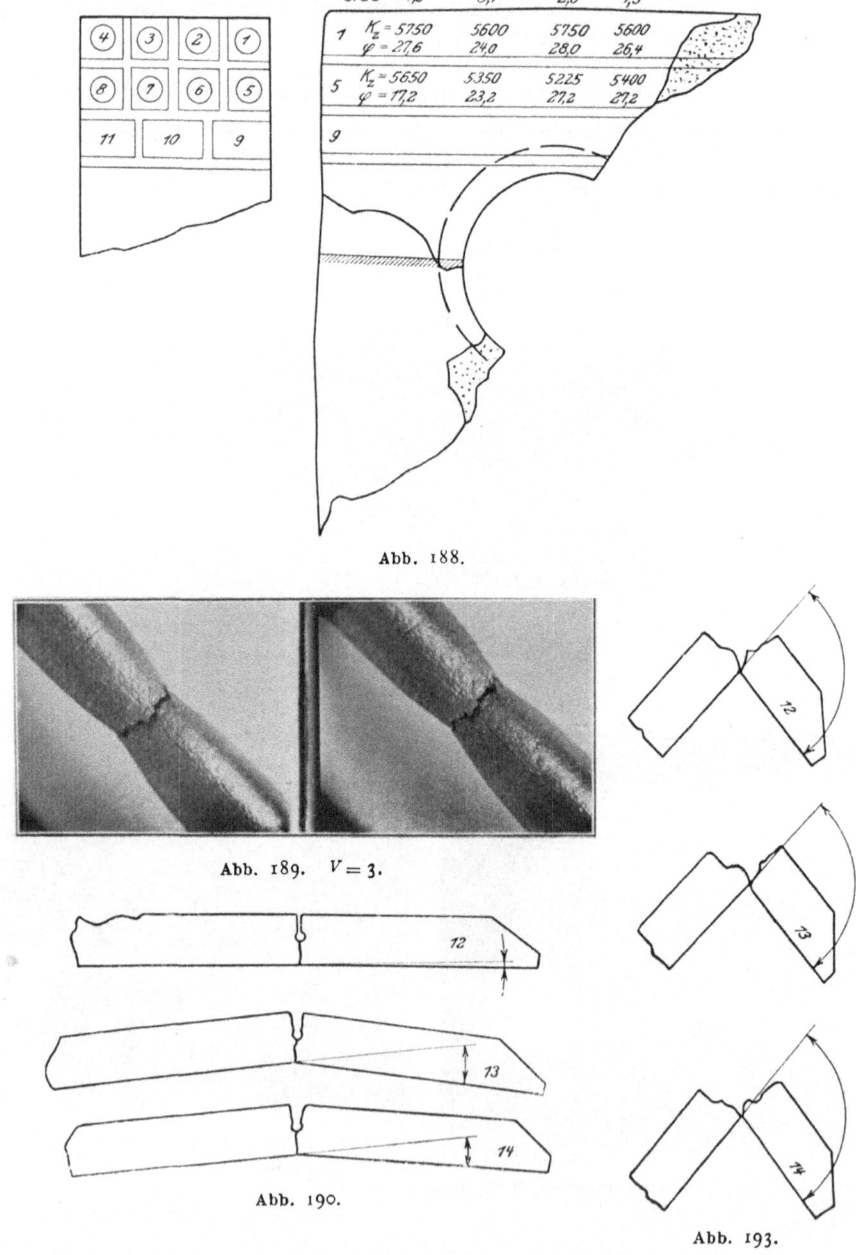

Abb. 188.

Abb. 189. $V = 3$.

Abb. 190.

Abb. 193.

Durchschnitt 5541 kg/qcm, die letztere 25,1 vH. Die Oberfläche eines Zugstabes läßt Abb. 189 (Stereoskopbild, Vergrößerung 3 fach) erkennen.

Die Behandlung, die das Material nach den vorstehenden Angaben erfahren hat, pflegt die Zähigkeit zu vermindern. Die letztere war in der Tat nicht groß. Abb. 190 zeigt, daß gekerbte Stäbe nach sehr geringer Biegung gebrochen sind. Die zum Bruch verbrauchte Arbeit ist in Abb. 191 eingetragen; sie beträgt im Durchschnitt 1,7 mkg/qcm. Drei Stäbe wurden ohne Kerbe gebogen. Zwei davon sind gebrochen, wie Abb. 192 zeigt.

Die Hälften der gebrochenen Kerbschlagproben wurden im Schmiedfeuer auf Kirschrothitze erwärmt und zum Erkalten in Asche gelegt. Sie erhielten

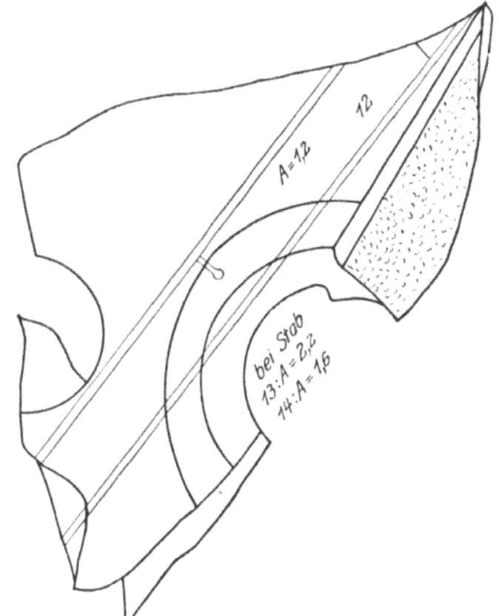

Abb. 191.

Abb. 194. $V = 6$.

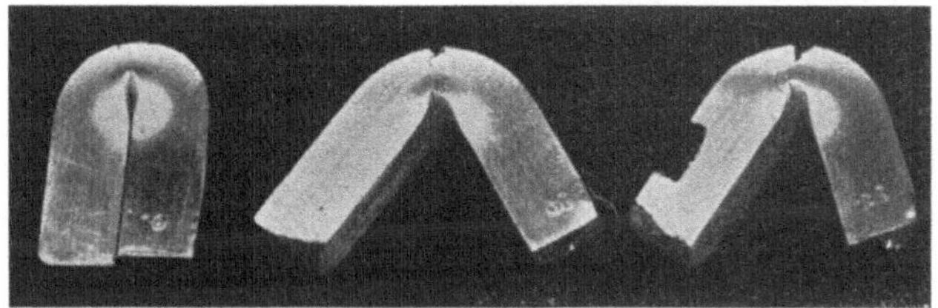

Abb. 192.

eine neue Kerbe und erfuhren sodann Biegung durch Umschlagen im Schraubstock. Der Bruch erfolgte nach weit größerer Formänderung als früher, wie Abb. 193 erkennen läßt.

Durch das Ausglühen ist das Gefüge feinkörnig geworden. Abb. 194 zeigt dies bei Vergleich mit Abb. 186.

Zusammenfassung.

1) Die Zugfestigkeit des Bleches beträgt mehr als 4100 kg/qcm.

2) Im Einlieferungszustand ist das Material entschieden spröde.

3) Das Blech hat eine ungünstige Wärmebehandlung erfahren — sowohl beim Ausglühen, das wohl im Walzwerk erfolgte, als auch nach den Angaben in der Kesselschmiede —; auch ein Blech von geringerer Zugfestigkeit würde durch solche Behandlung gelitten haben.

21) Wellflammrohr aus Württemberg.

Blechdicke rd. 11 mm.

a) Angaben, die der Materialprüfungsanstalt gemacht worden sind.

Die eingelieferten Blechstücke, dargestellt in Abb. 195 und 196, stammen vom ersten Schuß des linken Wellrohrs eines 1905 für 8 at Ueberdruck gebauten Zweiflammrohrkessels (Heizfläche 75 qm). Bei der Mitte Juli 1911 vorgenommenen inneren Untersuchung zeigte sich auf der Feuerseite der letzten Welle des Schusses ein der Kesselachse parallel laufender klaffender Riß von etwa 15 cm Länge, der sich in der feuerberührten Schale der an dieser Stelle

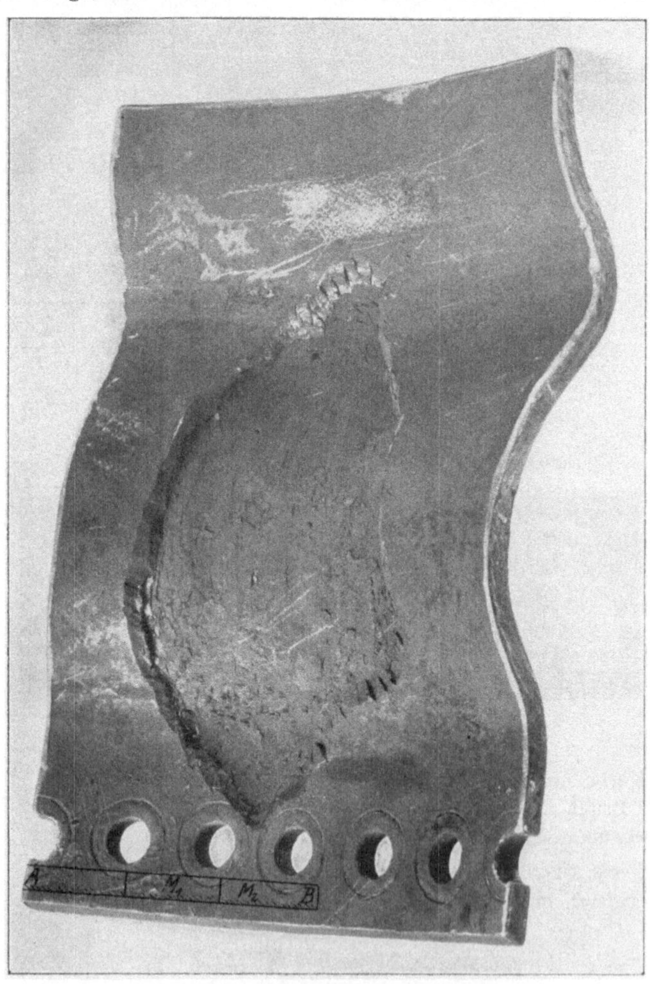

Abb. 195.

vorhandenen Doppelung des Bleches gebildet hatte. Durchmesser des Wellrohres 700/800 mm, Blechstärke 10 mm, Bezeichnung ***FI*** sowie Werkstempel.

b) Ergebnisse der Untersuchung in der Materialprüfungsanstalt.

Wie Abb. 195 erkennen läßt, war das Blech unganz. Die obere Decke der im Betrieb entstandenen Blase war an dem eingelieferten Stück durch Abmeißeln entfernt. Spaltung zeigte sich auch am Rande des Stückes. Deutlich ist sie im Querschnitt *A-B*, Abb. 195, zu erkennen, wie Abb. 197 bis 199 zeigen. Abb. 197 wurde erhalten durch Aufdrücken eines mit verdünnter Schwefelsäure getränkten Stückes Bromsilberpapier auf die Schnittfläche. Die Stellen größerer

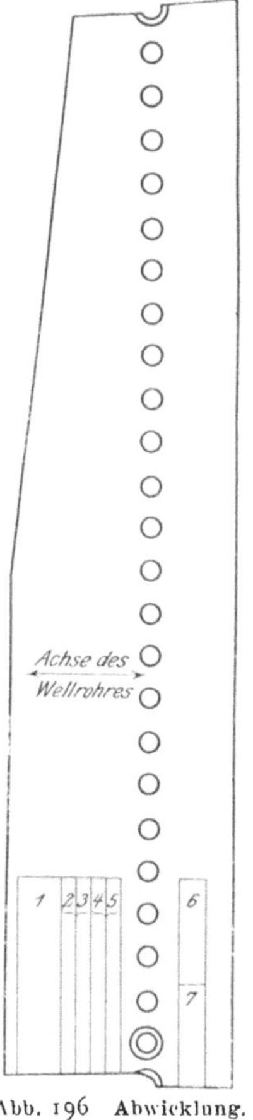

Abb. 196 Abwicklung. Ansicht von der Feuerseite.

Legende zu Abb. 196.

1 Schmiede- und Lochprobe bestanden.
2) Zugversuche, { $Kz = 3436$, $\varphi = 31{,}6$ vH, $\psi = 69{,}2$ vH
3) Einlieferungszustand { $Kz = 3423$, $\varphi = 25{,}2$ » $\psi = 68{,}4$ »
4) Zugversuche, { $Kz = 3372$, $\varphi = 28{,}3$ vH, $\psi = 69{,}9$ vH
5) ausgeglüht { $Kz = 3366$, $\varphi = 26{,}7$ » $\psi = 68{,}8$ »
6 Hartbiegegrobe bestanden
7 » »

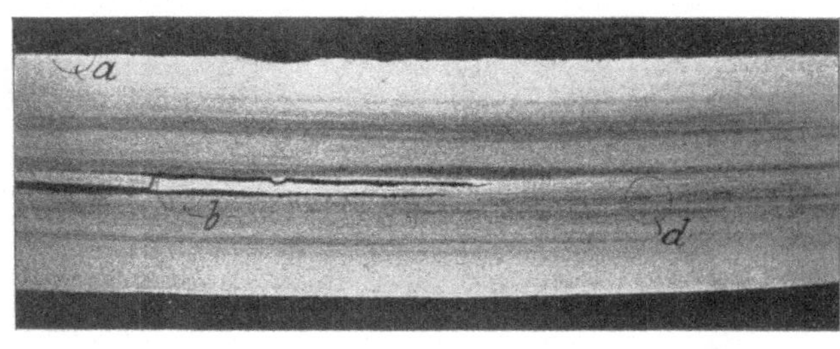

Abb. 198. $V = 2{,}2$.

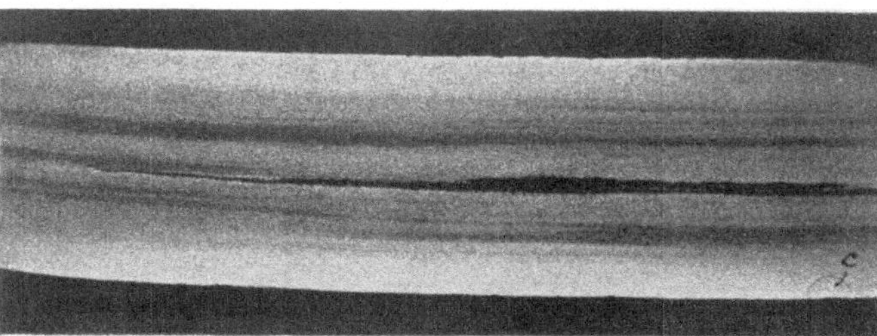

Abb. 199. $V = 2{,}2$.

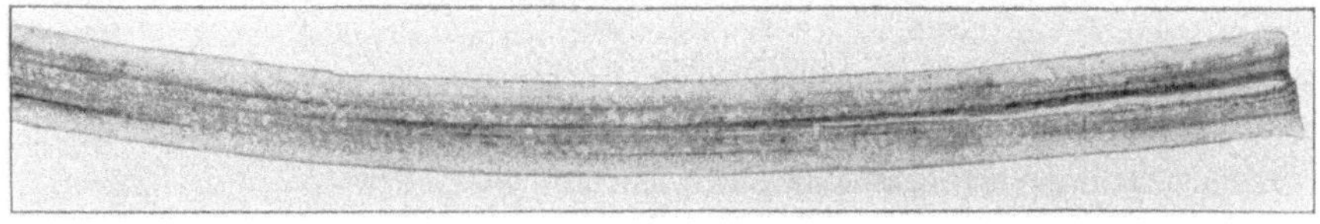

Abb. 197. Selbstdruck von Schnitt *A-B*, Abb. 195. Schwefeldruck.

Verunreinigung (insbesondere durch Schwefel) werden dabei dunkel gefärbt. Nach Herstellung dieses Selbstdruckes wurde das Stück geteilt und auf der gleichen Fläche geschliffen sowie geätzt. Abb. 198 und 199 geben das Aussehen in schwacher Vergrößerung wieder. Die starke Schichtenbildung und die Spaltung sind deutlich zu erkennen.

In Abb. 200, 201 und 202 sind die in Abb. 198 und 199 mit *a*, *b* und *c* bezeichneten Stellen abgebildet (Vergrößerung je 75fach). Bei Abb. 200 und 202 fallen die großen Körner am Rande, bei Abb. 201 außerdem die weitgehende

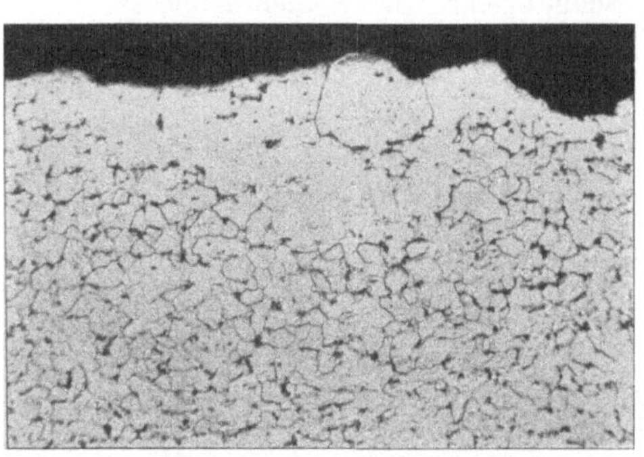

Abb. 200. Stelle *a*, Abb. 198. $V = 75$.

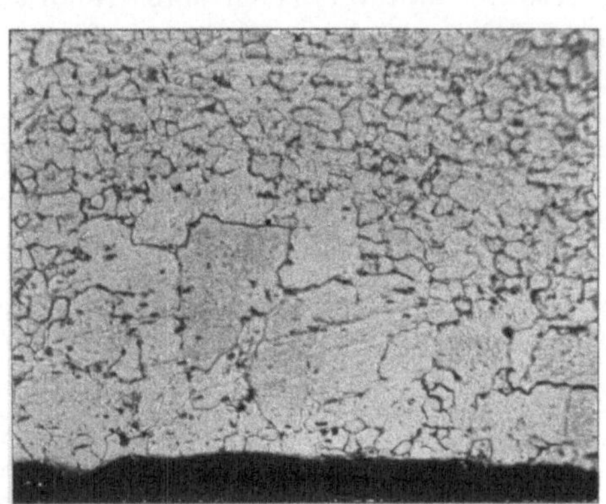

Abb. 202. Stelle *c*, Abb. 199. $V = 75$.

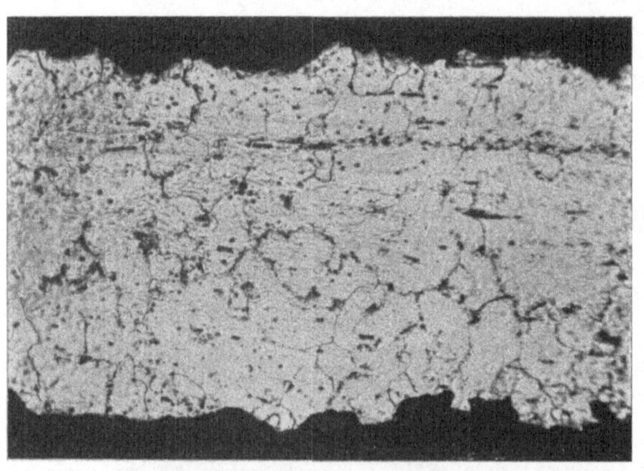

Abb. 201. Stelle *b*, Abb. 198. $V = 75$.

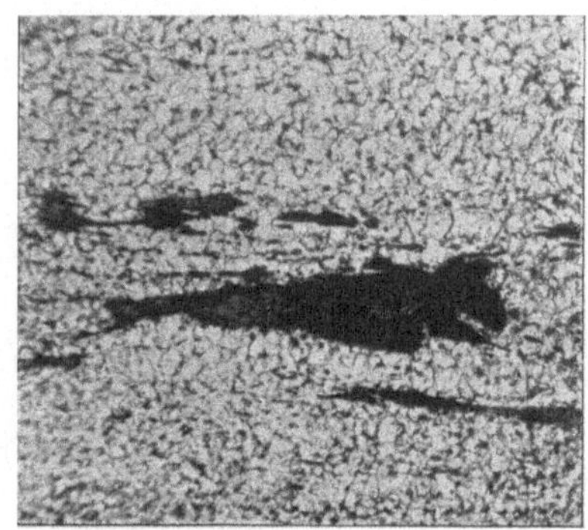

Abb. 203. Stelle *d*, Abb. 198. $V = 40$.

Verunreinigung durch punktförmige Schlackenteile ins Auge; solche sind auch auf Abb. 202 zahlreich vorhanden. Abb. 203 (Stelle *d*, Abb. 198, Vergrößerung 40fach) zeigt größere Einschlüsse, die den Eindruck der Sättigung des Materials mit verunreinigenden Stoffen wachrufen. Alle diese Erscheinungen deuten darauf hin, daß es sich hier um einen Teil des Lunkers handelt.

(Vergl. auch die Bilder zu den Blechstücken 1 und 4).

Zur mechanischen Untersuchung wurde das Blechstück Abb. 196 verwendet. Die erlangten Ergebnisse sind neben der letzteren angeführt. Danach beträgt im Durchschnitt

Zustand kg/qcm	Zugfestigkeit kg/qcm	Bruchdehnung [1]) vH	Querschnitt-verminderung vH
Einlieferung . . .	3430	28,4	68,8
ausgeglüht . . .	3369	27,5	69,4

Hartbiege-, Schmiede- und Lochprobe wurden bestanden.

Zusammenfassung.

1) Die Zugfestigkeit des Materials liegt ein wenig unter der zulässigen Grenze von 3400 kg/qcm; auch der Mindestwert der Bruchdehnung — 28 vH — wird nicht ganz erreicht.

2) Das Blech enthält Teile des Lunkers.

3) Dieser Umstand hat bei der Herstellung des Wellrohres nicht zur Ausscheidung des Bleches geführt.

Die Rißbildung ist hiernach durch Verwendung mangelhaften Materials zu erklären.

22) Blechstücke aus der Rauchkammer eines Schiffskessels.

Blechdicke rd. 18 mm.

a) Angaben, die der Materialprüfungsanstalt gemacht worden sind.

Die eingelieferten Blechstücke, dargestellt in Abb. 204 und 205, entstammen der Rauchkammer eines Schiffsdampfkessels (erbaut 1906, Betriebsdruck 16 at, Dmr. 4150 mm, Länge 3600 mm).

Unterwegs hatten sich an der Verbindung zwischen der Rauchkammerrückwand und der hinteren Rohrwand des Kessels Undichtigkeiten, herrührend von feinen Rissen zwischen den Nieten gezeigt. Nach dem Losnieten traten außer diesen, die ganze Blechdicke durchdringenden Rissen, auf der Wasserseite noch sehr viele Anrisse zutage, so daß anzunehmen ist, daß die Risse von der Seite des Bleches ausgehen, die auf dem zweiten Blech aufliegt. Diese Risse zeigten sich nur da, wo Maschinennietung stattgefunden hat.

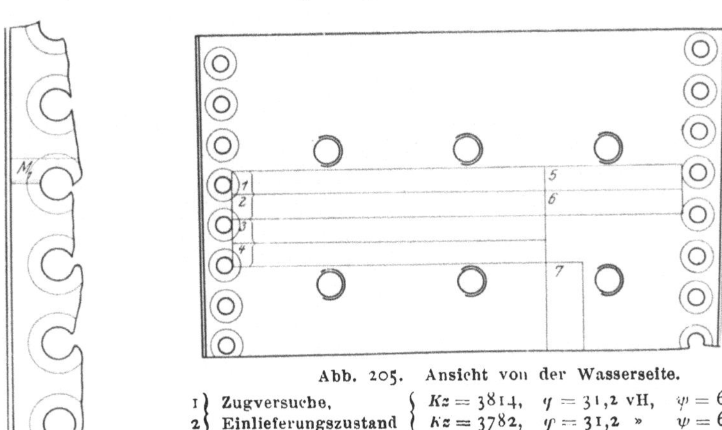

Abb. 204. Abwicklung. Ansicht von der Wasserseite.

Abb. 205. Ansicht von der Wasserseite.

1), 2) Zugversuche, Einlieferungszustand: $K_z = 3814$, $\varphi = 31,2$ vH, $\psi = 61,5$ vH; $K_z = 3782$, $\varphi = 31,2$ », $\psi = 60,9$ »

3), 4) Zugversuche, ausgeglüht: $K_z = 3647$, $\varphi = 30,5$ vH, $\psi = 62,1$ vH; $K_z = 3660$, $\varphi = 28,3$ », $\psi = 62,2$ »

5 Hartbiegeprobe bestanden

6 » »

7 Schmiede- und Lochprobe bestanden.

[1]) Meßlänge 120 mm bei rd. 1,1 qcm Stabquerschnitt.

Den abgenieteten Platten wurden Probestäbe entnommen. Es ergab sich

Zugfestigkeit 40 bis 41 kg/qmm (das Material sollte eine Zugfestigkeit von 35 bis 41 kg/qmm besitzen)
Dehnung . . 30 » 25,5 vH.

Kalt- und Hartbiegeprobe, Schmiede- und Lochprobe waren tadellos.

b) Ergebnisse der Untersuchung in der Materialprüfungsanstalt.

Das Blechstück, Abb. 204, zeigte sich senkrecht zur Nietnaht gewölbt, doch war es für weitere Feststellungen zu klein.

Die Ergebnisse der Zugversuche sind unter Abb. 205 angeführt. Durchschnittswerte sind folgende:

Zustand	Zugfestigkeit	Bruchdehnung [1])	Querschnitt-verminderung
	kg/qcm	vH	vH
Einlieferung	3798	31,2	61,2
ausgeglüht	3654	29,4	62,2

Hartbiege-, Schmiede- und Lochprobe wurden bestanden.

Die metallographische Untersuchung zeigte, daß das Blech viele feine Schlackenteile enthält.

Zusammenfassung.

1) Die Zugfestigkeit des Materials liegt unterhalb 4100 kg/qcm.
2) Das Material befriedigt die deutschen Materialvorschriften.
3) An der Nietnaht war das Blech gewölbt.

23) Stücke aus der Rauchkammer eines Schiffsdampfkessels.

Blechdicke rd. 15 mm.

a) Angaben, die der Materialprüfungsanstalt gemacht worden sind.

Unterwegs zeigten sich an der Verbindung zwischen der Rauchkammerrückwand und der hinteren Rohrwand des einen von 3 Kesseln des Schiffes (erbaut 1907, Dmr. 4190 mm, Länge 3600 mm, Betriebsdruck 12,7 at) Undichtigkeiten, herrührend von feinen Rissen zwischen den Nieten. Nach dem Losnieten traten außer diesen, die ganze Blechdicke durchdringenden Rissen auf der Wasserseite noch sehr viele Anrisse zutage, so daß anzunehmen ist, daß die Risse von der Seite des Bleches ausgehen, die auf dem zweiten Blech aufliegt. Diese Risse zeigen sich nur da, wo Maschinennietung stattgefunden hat; die von Hand eingezogenen Niete auf der anderen Seite der Platte weisen keine Risse auf. Kesselsteinbelag war nicht vorhanden.

Aus den abgenieteten Platten wurden Probestäbe entnommen. Es ergab sich

Zugfestigkeit 40 bis 41 kg/qmm (das Material sollte eine Zugfestigkeit von 35 bis 41 kg/qmm besitzen)
Dehnung . . 30 » 25,5 vH.

Kalt- und Hartbiegeprobe, Schmiede- und Lochprobe waren tadellos.

b) Ergebnisse der Untersuchung in der Materialprüfungsanstalt.

Die eingelieferten Blechstücke sind in Abb. 206 und 207 dargestellt.

Die Nietlöcher des in Abb. 206 gezeichneten Stückes zeigen kegelige Versenkung; sie sind um etwa 2 mm unrund. Da der Rand der Löcher Reste von

[1]) Meßlänge 200 mm, Stabquerschnitt rd. 3,2 qcm.

Kesselsteinbelag[1]) enthält, wird anzunehmen sein, daß die Abweichung der Löcher von der Kreisform schon im Betriebe vorhanden war, also durch Dornen erzeugt worden ist. Hiermit steht in Uebereinstimmung, daß das Gefüge am Rande des Nietloches im Schnitt M_1, Abb. 206, starke Zerquetschung aufweist, wie Abb. 208 (Vergrößerung 40fach) erkennen läßt. In der zerquetschten Schicht ist (auf Abb. 208 links unten) ein Anriß zu beobachten.

Den durch die strichpunktiert gezeichnete Linie hervorgehobenen Querschnitt durch das in Abb. 206 dargestellte Stück zeigt Abb. 209. Deutlich tritt die vorhandene Wölbung sowie die Wirkung des infolge der Krümmung erforderlich gewesenen starken Verstemmens zutage.

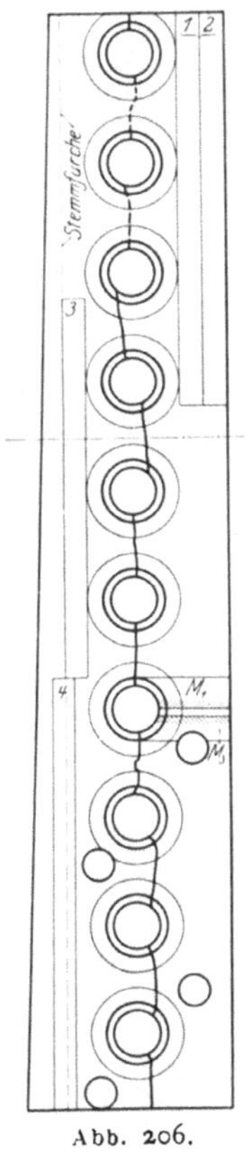

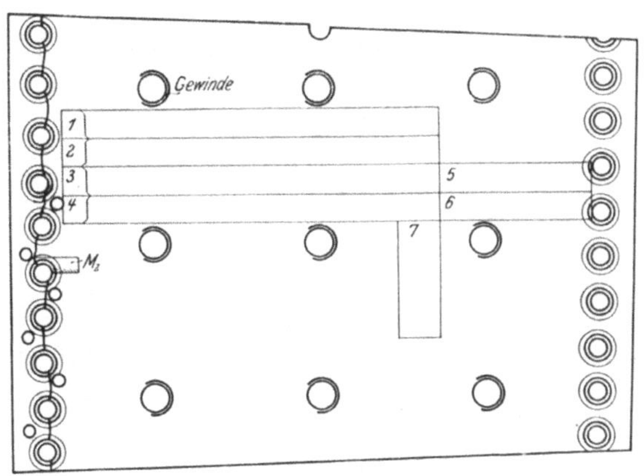

Abb. 207.

1) Zugversuche, ausgeglüht $Kz = 4041$, $\varphi = 28{,}3$ vH, $\psi = 62{,}1$ vH
2) $Kz = 4063$, $\varphi = 28{,}3$ », $\psi = 61{,}1$ »
3) Zugversuche, Einlieferungszustand $Kz = 4044$, $\varphi = 30{,}9$ vH, $\psi = 61{,}4$ vH
4) $Kz = 4000$, $\varphi = 25{,}1$ », $\psi = 62{,}1$ »
5 Hartbiegeprobe bestanden
6 » »
7 Schmiede- und Lochprobe bestanden.

Legende zu Abb. 206.

		Kz	φ	ψ
1	Zugversuche, Einlieferungszustand	4382	19,7 vH	61,3 vH
2		5478	6,5 »	46,7 »
3		4376	17,7 »	60,2 »
4	Zugversuch, ausgeglüht	4076	28,3 »	64,1 »

Abb. 206.

Dasselbe läßt Abb. 210, die photographische Abbildung des Querschnitts an Stück M_1 erkennen, aus der auch die kegelige Erweiterung des Nietloches sowie die Einprägung, die der Nietkopf erzeugt hat, hervorgeht.

Diese Erscheinungen deuten darauf hin, daß die — nach Angabe mit der Maschine ausgeführte — Nietung mit großer Kraft erfolgte, so daß Verbiegen des Bleches eintrat. (Vergl. Z. 1912 S. 1890 u. f.)

Beachtenswert erscheint ferner das eigenartige Gefüge des Materials, das schon aus Abb. 208 hervorgeht, jedoch aus Abb. 211 (Vergrößerung 150fach), welche die Stelle e, Abb. 210, abbildet, deutlicher zu erkennen ist. Abb. 212 (Vergrößerung 150fach) zeigt das gänzlich veränderte Gefüge nach dem Aus-

[1]) Die Bleche weisen Kesselsteinbelag von höchstens etwa 1 mm Dicke auf.

glühen (Stück M_3, Abb. 206). Dem Gefügebild Abb. 212 ähnlicher ist das Aussehen des Gefüges bei Stück M_2, Abb. 207.

Zur mechanischen Untersuchung wurde Material in erster Linie dem in Abb. 207 dargestellten Stück entnommen. Die Ergebnisse sind bei Abb. 207 angegeben. Danach beträgt im Durchschnitt

Zustand	Zugfestigkeit kg/qcm	Bruchdehnung[1] vH	Querschnitt-verminderung vH
Einlieferung	4022	28,0	61,8
ausgeglüht	4052	28,3	61,6

Hartbiege-, Schmiede- und Lochprobe wurden bestanden.

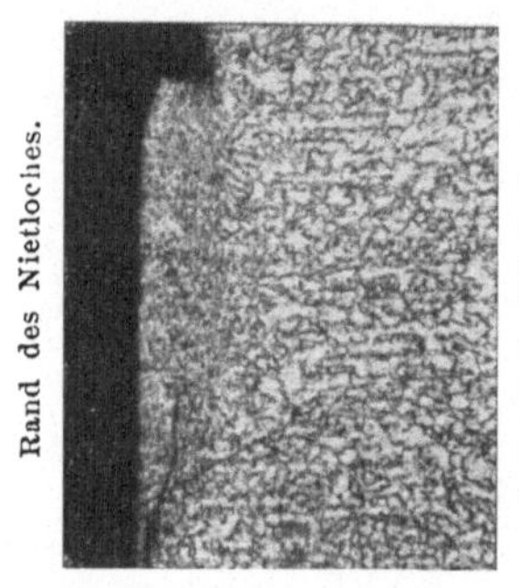

Abb. 208. Stück M_1, Abb. 206, Stelle a, Abb. 210. $V = 40$.

Rand des Nietloches.

Abb. 210. Stück M_1, Abb. 206. $V = 2$.

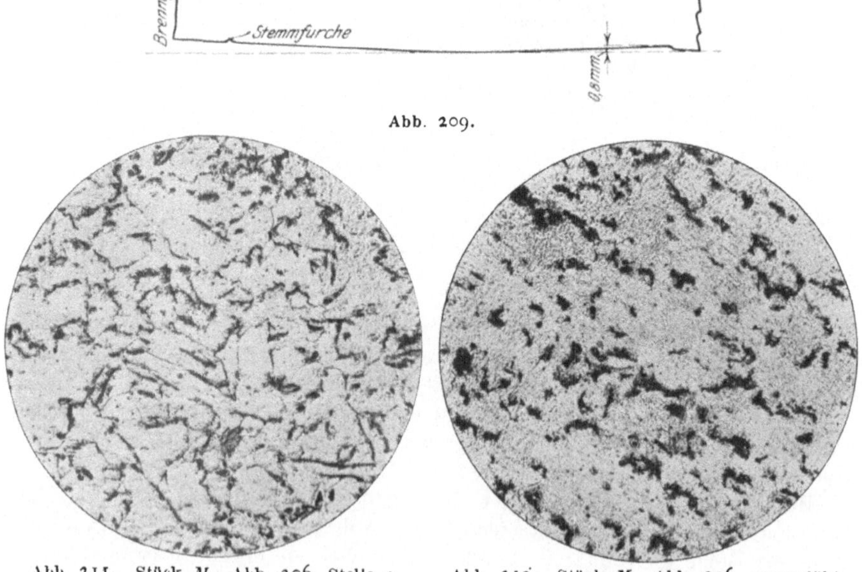

Abb. 209.

Abb. 211. Stück M_1, Abb. 206, Stelle e, Abb. 210. $V = 150$.

Abb. 212. Stück M_3, Abb. 206, ausgeglüht. $V = 150$.

[1]) Meßlänge 200 mm, Stabquerschnitt 3,2 qcm.

Mit Rücksicht auf den großen Unterschied im Gefüge wurden dem in Abb. 206 abgebildeten Stück ebenfalls Probestäbe für Zugversuche entnommen; die Ergebnisse der letzteren sind bei Abb. 206 angegeben. Danach beträgt, wenn von Stab 2, der nahe der Stemmkante entnommen ist und infolgedessen weitgehende Stauchung erfahren hat, so daß seine Zugfestigkeit sehr hoch und seine Bruchdehnung sehr gering ausgefallen ist, abgesehen wird, die Zugfestigkeit im Mittel 4379 kg/qcm gegenüber 4022 kg/qcm bei dem Stück Abb. 207, während im ausgeglühten Zustand der Unterschied der Zugfestigkeiten gering ist (4076 gegenüber 4052 kg/qcm). Ebenso ist die Bruchdehnung der im Einlieferungszustand geprüften Stäbe bei Stück Abb. 206 kleiner als bei denen aus Stück Abb. 207 — 18,7 gegenüber 28,0 vH, während bei den ausgeglühten Stäben ein Unterschied nicht besteht. Bruchdehnung in beiden Fällen 28,3 vH. Die Festigkeitsversuche bestätigen also vollkommen das, was auf Grund der Gefügebilder zu erwarten war. Das Material hat am Rande eine Wärmebehandlung erfahren, die die Zähigkeit verminderte. (Vergl. Fußbemerkung 2, S. 45.)

Zusammenfassung.

1) Die Zugfestigkeit des Materials liegt unterhalb 4100 kg qcm.

2) Das Material befriedigt die Anforderungen der deutschen Materialvorschriften für Landdampfkessel.

3) Am Rande ist Verbiegung der Nietnaht zu beobachten. Auch hat Nachdornen stattgefunden.

4) Am Rande hat das Material eine ungünstige Wärmebehandlung erfahren.

5) Die eingetretene Rißbildung dürfte mit den Feststellungen unter 3) und 4) in Zusammenhang zu bringen sein.

24) Mantelblech aus einem Schiffsdampfkessel.

Blechdicke rd. 28 mm.

Abb. 213 zeigt das eingelieferte Stück, das am linken oberen Rande den Teil eines Ausschnittes enthält. Dieser ist durch einen aufgenieteten Ring (in Abb. 213 hinten, am Kessel außen gelegen) verstärkt. Blechdicke rd. 28 mm, Ringdicke rd. 20 mm, Ringbreite 120 mm. Bei der Wasserdruckprobe soll im Mantelblech der klaffende Riß *A-B-C* entstanden sein. Dieser verläuft angenähert der Kesselachse parallel und geht durch ein Nietloch. Der Ring ist nicht gebrochen.

Die Ergebnisse der vorgenommenen mechanischen Prüfung sind in Abb. 213 eingetragen. Danach haben sich für die parallel zur Kesselachse entnommenen Stäbe folgende Durchschnittswerte gefunden.

Zustand	Zugfestigkeit kg/qcm	Bruchdehnung [1] vH	Querschnittverminderung vH
Einlieferung	4073	25,7	59,8
ausgeglüht	3903	30,7	57,7

Hartbiege-, Schmiede- und Lochprobe wurden bestanden.

Bei der Hartbiegeprobe traten nach vollständigem Zusammenbiegen Risse an der Innenseite der Biegestelle ein, wo zunächst Druck- und später — nach Anliegen der Schenkel — Zugbeanspruchung stattfindet.

[1]) Auf 250 mm — Stabquerschnitt rd. 4,8 qcm — entsprechend der Beziehung $11,3\sqrt{f}$. Die Stäbe weisen je 2 Einschnürungen auf.

Bei der metallographischen Untersuchung wies das Blech besonders ausgeprägte Schichtenbildung sowie Anzeichen für Ueberhitzung nicht auf. Dagegen zeigten sich die eigenartigen, wiederholt beobachteten Spalten, ähnlich, wie in Abb. 181 des Bleches 19 abgebildet. Nahe dem Bruchrande machten sich Form-

Abb. 213.

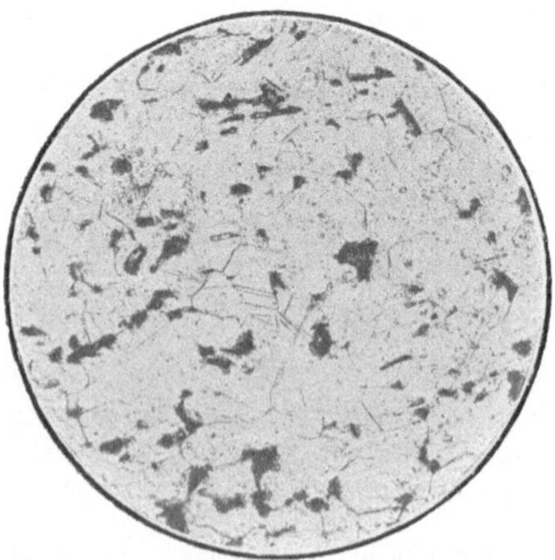

Abb. 214. V = 150.

änderungserscheinungen bemerkbar, vergl. die Streifungen in der Mitte der Abb. 214 (Vergrößerung 150fach).

Zusammenfassung.

1) Die Zugfestigkeit der Bleches liegt unter 4100 kg/qcm. Es erfüllt die deutschen Materialvorschriften.

2) Das Gefüge zeigt Spalten.

3) Das eingelieferte Stück enthält einen klaffenden Riß.

25) Blechstück aus Schlesien[1]).

Blechdicke rd. 11 mm.

a) Angaben, die der Materialprüfungsanstalt gemacht worden sind

Die eingelieferten Stücke, deren größeres in Abb. 215 abgebildet ist, stammen von der Krempe der ebenen, verankerten Feuerbüchsstirnwand eines Dampfpflugkessels. Im Betriebe hatte sich ein 350 mm langer Riß gebildet, der durch

Abb. 215.

Schweißung beseitigt worden war. Hierauf wurde der Kessel noch 3 Wochen in Betrieb gehalten.

Die Schweißung ist mittels Azetylen und Sauerstoff von einer Maschinenbauanstalt ausgeführt.

b) Ergebnisse der Untersuchung in der Materialprüfungsanstalt.

Wie die Abbildung zeigt, erfolgte die Verschweißung der vorhanden gewesenen Krempenrisse nicht durch die ganze Blechdicke, weil die Risse auf der Innenseite noch vorhanden sind.

Die mechanische Prüfung des Materials hat ergeben:

Zugfestigkeit kg/qcm

im Einlieferungszustand . . $\frac{3818 + 3756}{2} = 3787$, ausgeglüht $\frac{3864 + 3883}{2} = 3874$.

Bruchdehnung auf 75 mm (Querschnitt rd. 0,7 qcm) vII

im Einlieferungszustand . . $\frac{30{,}7 + 30{,}9}{2} = 30{,}8$, ausgeglüht $\frac{31{,}3 + 32{,}4}{2} = 31{,}9$.

---

[1]) Der Bericht über die Untersuchung dieses Blechstückes ist bereits dem Internationalen Verband der Dampfkesselüberwachungsvereine erstattet worden, der die Veröffentlichung an dieser Stelle genehmigt hat. Vergl. das Protokoll der 41. Delegierten- und Ingenieurversammlung dieses Verbandes zu Konstanz 1911 S. 29 u. f.

Querschnittsverminderung vH

im Einlieferungszustand $\frac{58{,}0 + 56{,}5}{2} = 57{,}3$, ausgeglüht $\frac{60{,}6 + 59{,}9}{2} = 60{,}3$.

Hartbiege-, Schmiede- und Lochprobe wurden bestanden.

Ueber die Untersuchung der Schweißstelle vergl. die in der Fußbemerkung angegebene Stelle.

Zusammenfassung.

Das Material gehört zu den Blechen mit Zugfestigkeiten unter 4100 kg/qcm. Es genügt den Anforderungen der deutschen Materialvorschriften.

26) Kesselblech aus Anhalt.

Blechdicke rd. 20 mm.

a) Angaben, die der Materialprüfungsanstalt gemacht worden sind.

Die eingelieferte Blechtafel, abgebildet in Abb. 216, entstammt einem 1906 gebauten Cornwallkessel von 130 qm Heizfläche und 11 at Ueberdruck. Als der Kessel im Oktober 1910 nach der Reinigung und inneren Besichtigung bei der

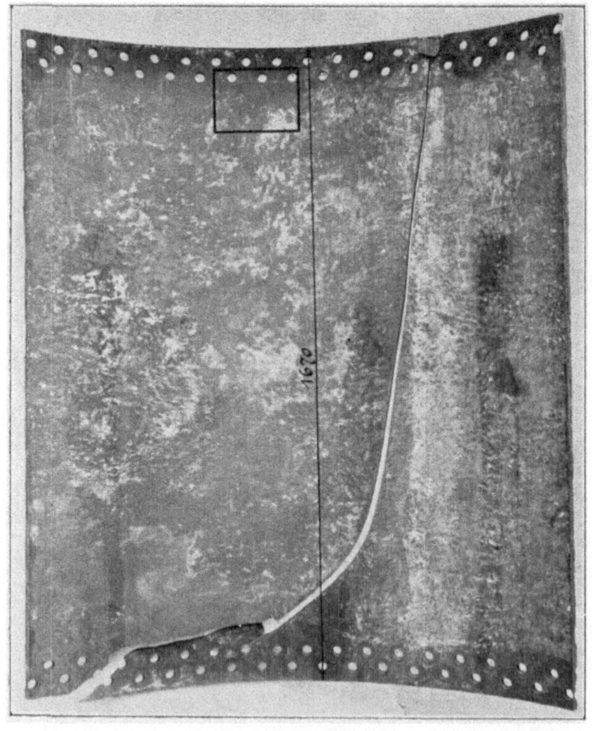

Abb. 216.

Kaltwasserdruckprobe unter einem Druck von 11½ bis 12 at stand, wurde an einer Rundnaht eine Undichtheit bemerkt. Beim Verstemmen trat der in Abb. 216 ersichtliche Riß unter dumpfem Krach ein. Er liegt im vorletzten Schuß des Mantels und geht von der hinteren Rundnaht (etwa in Höhe der Kesselachse) quer durch das Blech zur vorderen Rundnaht. Die Abkühlung des Kessels soll zu Pfingsten 1910 durch Bespritzen mit kaltem Wasser beschleunigt worden sein. Der Strahl soll die Mantelplatte an der Rißstelle getroffen haben.

b) Ergebnisse der Untersuchung in der Materialprüfungsanstalt.

Die Stemmkante der Rundnaht, an der nach den obigen Angaben die Undichtheit bemerkt wurde, ist kräftig bearbeitet; sie besitzt eine Breite bis etwa 3 mm. Die Richtung der Risse erscheint, wie Abb. 216 zeigt, durch die Stemm-

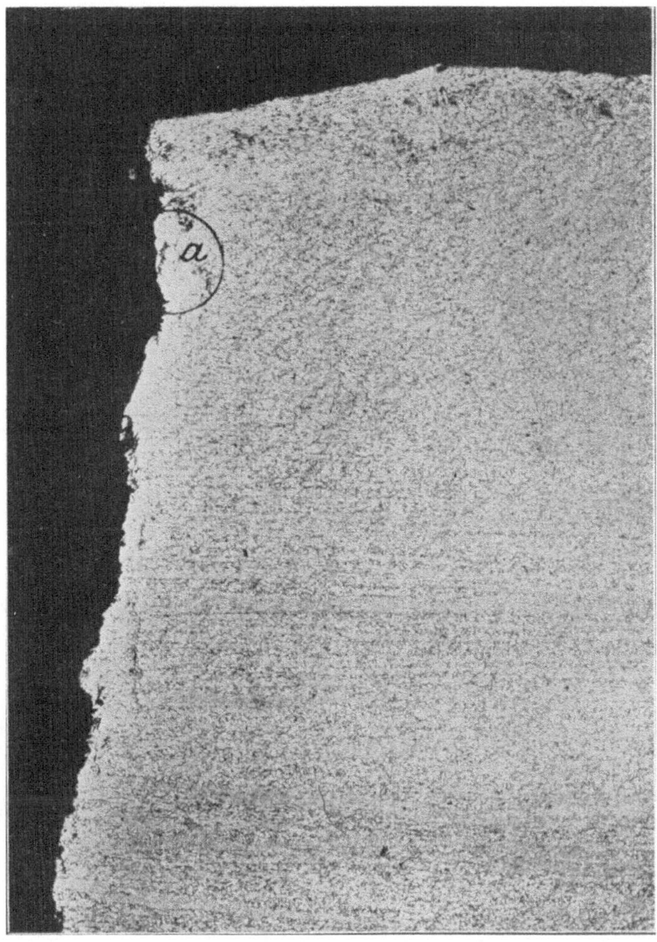

Abb. 217. $V = 15$.

furche beinflußt. An einer Stelle des Bruchrandes, etwa 1 cm von der Stemmkante entfernt, wurde Abschrägung, hervorgerufen durch starke Zerquetschung des Materials, beobachtet, wie Abb. 217 zeigt. Am Rande bei *a* waren Anrisse im Innern des Bleches sowie Spalten im Gefüge vorhanden. Abb. 218 (Stelle bei *a*, Abb. 217, Vergrößerung 150fach) und Abb. 219 (unmittelbar oberhalb des Kreises bei *a* gelegen, Vergrößerung 150fach) zeigen dies. Aehnliches wurde auch an anderen Stellen des Risses beobachtet.

Die Besichtigung des Bleches ließ an der Oberfläche zahlreiche, zum Teil tiefe Narben, wie sie von gewaltsamem Abklopfen des Kesselsteines erzeugt werden, erkennen. Abb. 220 bildet eine solche Stelle ab, die Tiefe der Hiebe geht aus Abb. 221 (Vergrößerung 6fach) hervor; sie beträgt bis rd. 1 mm. Der Grund des in Abb. 221 längs abgebildeten Hiebes ist in Abb. 222 (Vergrößerung 150fach) wiedergegeben. Die Zerquetschung des Gefüges reicht auf beträchtliche Tiefe.

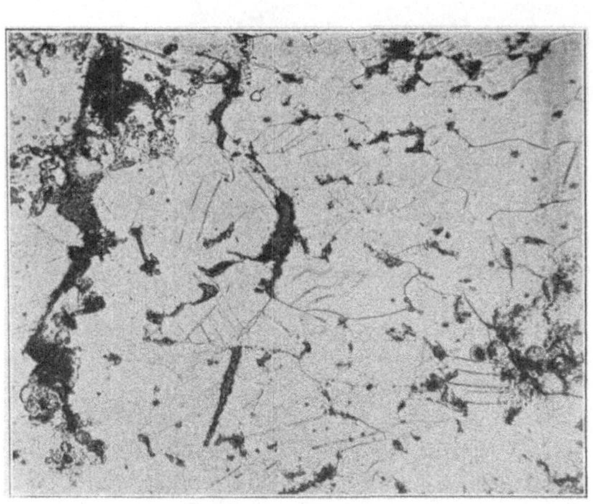

Abb. 218. Stelle *a*, Abb. 217. V = 150.

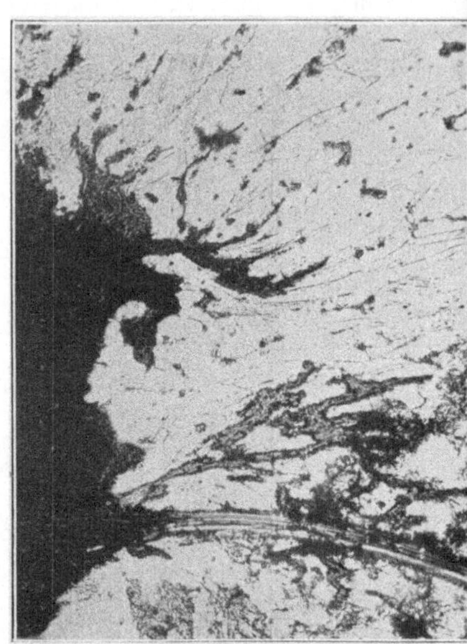

Abb. 219. Bei *a*, Abb. 217. V = 150.

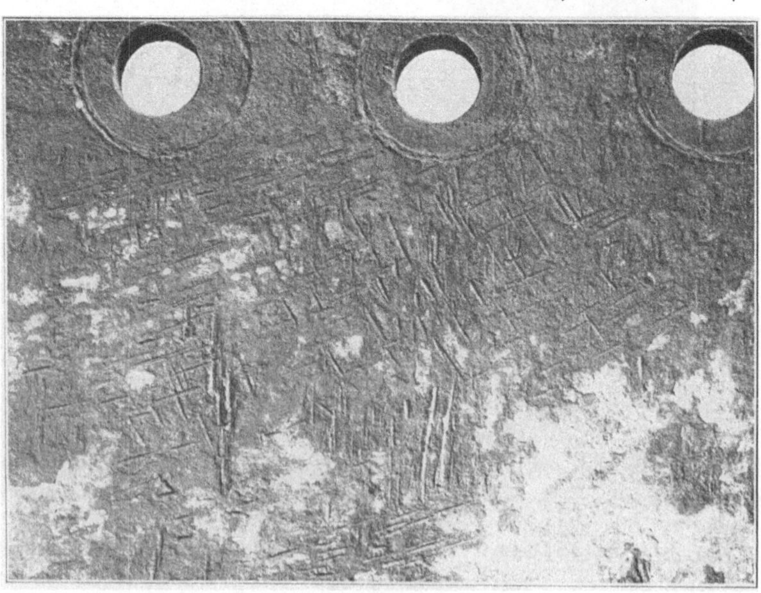

Abb. 220. Teilbild aus Abb. 216.

Abb. 221. Kesselhammerhiebe. $V = 6$.

Abb. 222. Aus Abb. 221, linker Hieb. $V = 150$. Wasserseite.

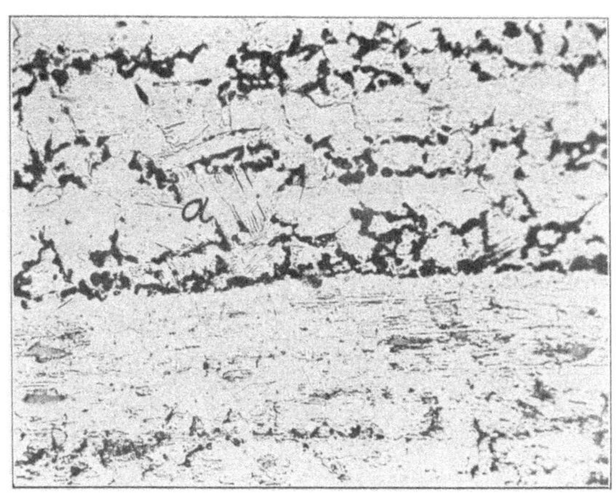

Abb. 223. $V = 150$.

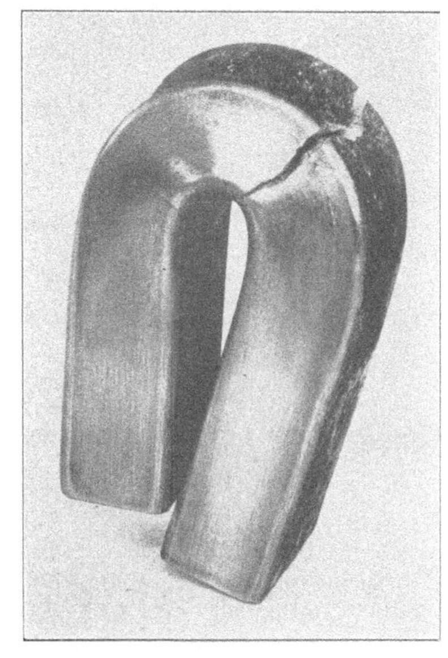

Abb. 224. Hartbiegeprobe.

Abb. 225. Kerbschlagprobe. $V = 1,2$.

Im Gefüge des Bleches zeigt sich häufig eine Erscheinung, die wohl durch stattgehabte Beanspruchung zu erklären ist. Es ist die z. B. aus Abb. 223 (Vergrößerung 150fach) bei Korn a ersichtliche Streifung. Diese Zeichnung tritt häufig auf, namentlich in der Nähe der Schichten größerer Verunreinigung, wie eine solche auf Abb. 223 enthalten ist. Letztere Abbildung zeigt die zahlreichen dort vorhandenen Schlackenteile. Es ist nicht unwahrscheinlich, daß diese Spalten im Gefügebild auch mit inneren Spannungen in gewissem Zusammenhang stehen.

Die Zugfestigkeit des Materials betrug:

im Einlieferungszustand, parallel zur Kesselachse $\frac{4041 + 4069 + 4041}{3} = 4050$ kg/qcm

» » senkrecht » » [1]) $\frac{4182 + 4146 + 4115}{3} = 4148$ »

nach dem Ausglühen, parallel zur Kesselachse $\frac{4092 + 4063 + 4066}{3} = 4074$ »

» » » senkrecht » » $\frac{4032 + 4025 + 4019}{3} = 4025$ »

die Bruchdehnung auf 200 mm (Querschnitt rd. 3,1 qcm)

im Einlieferungszustand, parallel zur Kesselachse . $\frac{21,5 + 21,4 + 21,9}{3} = 21,6$ vH

» » senkrecht » » [1]) $\frac{23,4 + 26,0 + 26,3}{3} = 25,2$ »

nach dem Ausglühen, parallel zur Kesselachse . . $\frac{27,2 + 24,1 + 23,7}{3} = 25,0$ »

» » » senkrecht » » . . $\frac{27,7 + 27,4 + 29,5}{3} = 28,2$ »

die Querschnittverminderung

im Einlieferungszustand, parallel zur Kesselachse . $\frac{57,2 + 56,9 + 57,5}{3} = 57,2$ »

» » senkrecht » » [1]) . $\frac{64,0 + 65,6 + 65,9}{3} = 65,2$ »

nach dem Ausglühen, parallel zur Kesselachse . . $\frac{56,6 + 60,8 + 59,5}{3} = 59,0$ »

» » » senkrecht » » . . $\frac{66,2 + 66,8 + 66,9}{3} = 66,6$ »

Bei der Hartbiegeprobe hat einer der 4 geprüften Stäbe den Anforderungen nicht genügt. Er ist in Abb. 224 abgebildet.

Schmiede- und Lochprobe wurden bestanden.

Bei der Kerbschlagprobe (Stäbe nach Abb. 1) verbrauchten die im Einlieferungszustand geprüften Stäbe 1,2 bis 1,4 mkg/qcm; die vor der Prüfung ausgeglühten Stäbe 2,6 bis 4,2 mkg/qcm. Beide Werte sind gering. Abb. 225 (Steroskopbild) zeigt den Bruchquerschnitt eines Kerbschlagstabes (geprüft im Einlieferungszustand) und läßt die vorhandene Schichtung erkennen.

Zusammenfassung.

1) Das Blech besitzt im ausgeglühten Zustand eine Zugfestigkeit von durchschnittlich 4025 bis 4074 kg/qcm, es gehört also zu den sogenannten »weichen« Blechen.

2) Es befriedigt die Vorschriften der Allgemeinen polizeilichen Bestimmungen über die Anlegung von Landdampfkesseln hinsichtlich der Bruchdeh-

[1]) Die Stäbe wurden unter einer hydraulischen Presse kalt vorsichtig gerade gerichtet.

nung (25,0 bis 28,2 vH, verlangt sind 25 vH), sowie in bezug auf die Schmiede- und Lochprobe. Bei der Hartbiegeprobe ist einer der 4 geprüften Streifen gebrochen.

3) Bei der Kerbschlagprobe wurden geringe Arbeitsmengen zum Brechen der Stäbe verbraucht.

4) Das Material weist eigenartige Gefügebilder auf, die vermutlich mit bedeutenden Spannungen in Zusammenhang stehen.

5) Die Wasserseite ist mit außergewöhnlich tiefen Hiebnarben, die vom Abklopfen des Kesselsteines herrühren, bedeckt. Die Stemmfurche an der Rundnaht, an der der Riß nach den Beobachtungen bei der Wasserdruckprobe seinen Anfang genommen zu haben scheint, ist stark ausgeprägt. Vermutlich sind auch innere Spannungen vorhanden.

Es ist wahrscheinlich, daß die eingetretene Rißbildung mit den unter 2), Schlußsatz, 3), 4) und 5) angegebenen Umständen zusammenhängt.

27) Quersieder aus Schweißeisen aus dem Jahre 1887.

Blechdicke rd. 12 mm.

a) Angaben, die der Materialprüfungsanstalt gemacht worden sind.

Der Kessel ist im Jahre 1887 für 7 at Ueberdruck erbaut und im Jahre 1910 im Scheitel des vollen Bleches rissig geworden. Er stand jahrelang in angestrengtem Tag- und Nachtbetrieb. Geheizt wurde mit einem Gemisch aus böhmischen Steinkohlen und Braunkohlen und oberbayrischem Lignit. Zeitweise kam auch höherwertige Kohle sowie oberbayrische Kohle zum Gemisch. Der Niederschlag im Kessel war gering, die Speisewassertemperatur schwankte zwischen 40° und 60°.

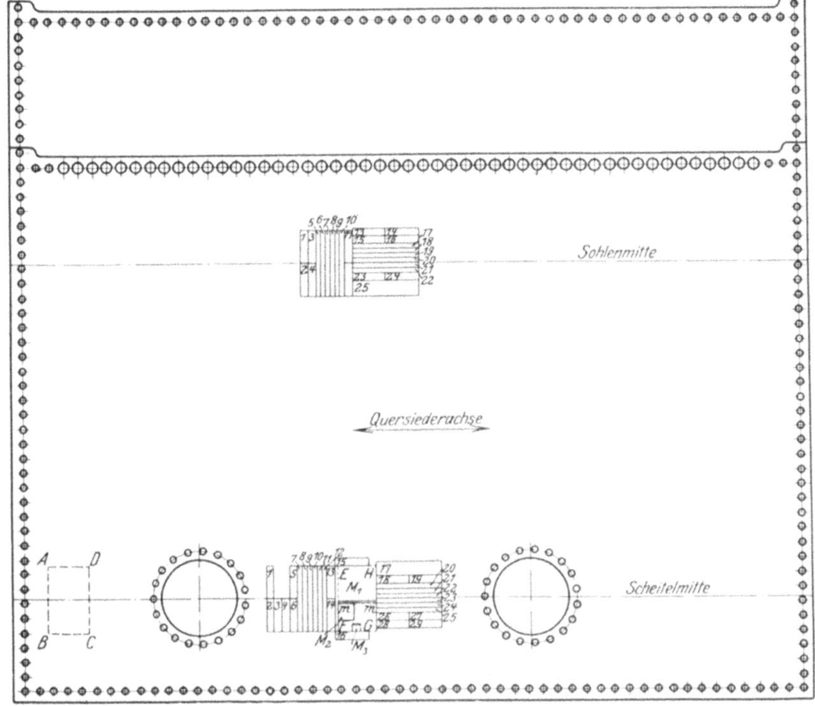

Abb. 226. Ansicht von der Wasserseite.

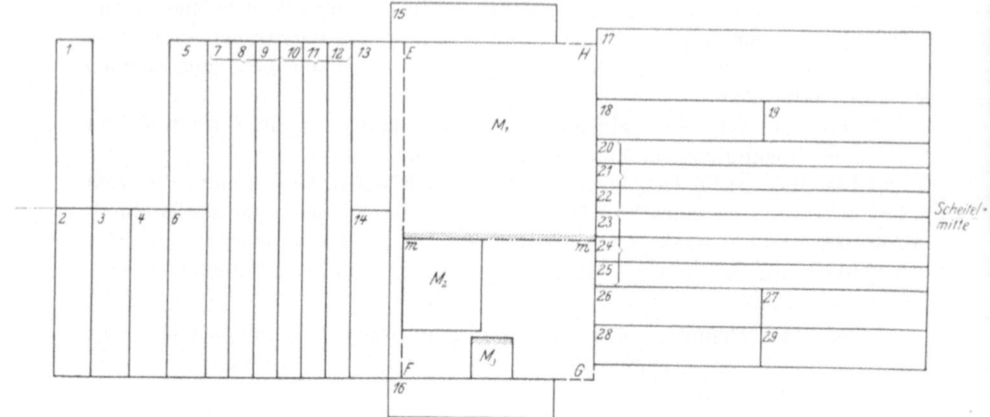

Abb. 227a. Stäbe aus dem Scheitel.

1 Biegeprobe, ausgeglüht, nicht bestanden
2 » » » »
3 » , Einlieferungszust. nicht bestanden
4 » » » »
5 » » » »
6 » warm, nicht bestanden

		Kz	φ	ψ
7	Zugversuche,	2902	5,7 vH	10,6 vH
8	ausgeglüht	2886	—	—
9		2879	5,5 »	9,1 »
10	Zugversuche,	3144	3,9 »	9,1 »
11	Einlieferungs-	3053	3,7 »	8,3 »
12	zustand	3061	3,5 »	9,8 »

13 Biegeprobe, warm, bestanden
14 » , Einlieferungszust. nicht bestanden
15 » » bestanden
16 Biegeprobe, Einlieferungszust. nicht bestanden
17 Schmiede- und Lochprobe bestanden
18 Biegeprobe, warm, bestanden
19 » , Einlieferungszust nicht bestanden

		Kz	φ	ψ
20	Zugversuche,	3206	10,1 vH	15,3 vH
21	ausgeglüht	3359	13,9 »	19,1 »
22		3336	13,2 »	18,3 »
23	Zugversuche,	3332	10,4 »	18,3 »
24	Einlieferungs-	3340	8,5 »	18,3 »
25	zustand	3160	5,5 »	17,6 »

26 Biegeprobe, Einlieferungszust. nicht bestanden
27 » , warm, bestanden
28 » , ausgeglüht, nicht bestanden
29 » » bestanden.

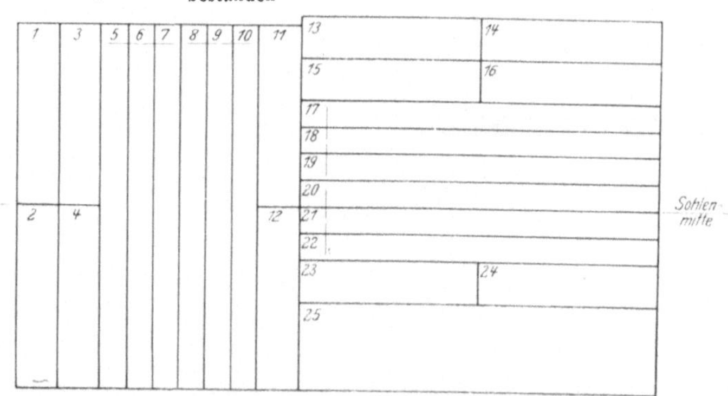

Abb. 227b. Stäbe aus der Sohle.

1 Biegeprobe, ausgeglüht, nicht bestanden
2 » » » »
3 » , warm, nicht bestanden
4 » , Einlieferungszust. nicht bestanden

		Kz	φ	ψ
5	Zugversuche,	3173	9,6 vH	14,3 vH
6	ausgeglüht	3120	8,5 »	15,8 »
7		3197	9,5 »	12,1 »
8	Zugversuche,	2833	4,0 »	9,8 »
9	Einlieferungs-	2620	2,9 »	8,3 »
10	zustand,	2856	3,9 »	3,8 »

11 Biegeprobe, Einlieferungszust. nicht bestanden
12 » , warm, nicht bestanden
13 » , ausgeglüht, bestanden
14 Biegeprobe, ausgeglüht, bestanden
15 » , Einlieferungszustand, bestanden
16 » , warm, bestanden

		Kz	φ	ψ
17	Zugversuche,	3301	16,9 vH	23,3 vH
18	ausgeglüht	3360	17,5 »	22,0 »
19		3316	16,5 »	23,3 »
20	Zugversuche,	3201	—	—
21	Einlieferungs-	3127	—	—
22	zustand	3209	16,5 »	22,4 »

23 Biegeprobe, warm, nicht bestanden
24 » , Einlieferungszust. nicht bestanden
25 Schmiede- und Lochprobe bestanden

b) Ergebnisse der Untersuchung in der Materialprüfungsanstalt.

Abb. 226 zeigt die Abwicklung des Mantels. Dieser besaß am Scheitel bei *ABCD* und *EFGH* die aus den Abb. 228 und 229 ersichtlichen Risse. An der Stelle, welche die zwischen beiden Stutzen, vergl. Abb. 226, gelegenen Risse enthielt, war eine etwa 3 mm hohe Ausbauchung vorhanden.

Die Festigkeitseigenschaften des Bleches gehen aus den Zeichnungen 227a und 227b hervor, welche diejenigen Teile der Abb. 226 wiedergegeben, an denen Probestäbe entnommen wurden.

Die im Einlieferungszustand geprüften Stäbe senkrecht zur Quersiederachse sind in einer hydraulischen Presse vorsichtig kalt gerade gerichtet worden.

Abb. 228.

Für die ausgeglühten Stäbe hat sich die Zugfestigkeit in Richtung der Quersiederachse größer ergeben als senkrecht dazu. Es stehen sich gegenüber:

Für die Stäbe vom Scheitel 3300 und 2889 kg/qcm 12,4 und 5,6 vH.

Für die Stäbe von der Sohle 3326 und 3163 kg/qcm 17,0 und 9,2 vH. Bruchdehnung auf 130 mm (Querschnitt 1,3 qcm).

Dies deutet darauf hin, daß die Achse des Quersieders parallel zur Faserrichtung des Bleches gelegen ist. (Vergl. auch das unten zu Abb. 235 Bemerkte.)

Bei den Kaltbiegeproben wurden die Streifen um einen Dorn von 25 mm Durchmesser gebogen. Die ausgeglühten Probekörper 1, 2 und 28,

Abb. 227a, sowie 1 und 2, Abb. 227b, haben sich, wie die Abb. 230 und 232 zeigen, wenig günstig verhalten. Dasselbe gilt von den Warmbiegeproben 6, Abb. 227a, 3, 12 und 23, Abb. 227b (vergl. Abb. 231 und 233).

Schmiede- und Lochprobe sind bestanden worden.

Abb. 234 zeigt einen Teil des Querschnitts *m-m* von Stück M_1, Abb. 226. Sie läßt die große Anzahl der vorhandenen feinen und breiten Risse sowie zahlreiche Schlackeneinschlüsse, wie sie dem Material — Schweißeisen — eigentümlich sind, erkennen. Bemerkenswert erscheint der Umstand, daß die Risse fast alle auf der Wasserseite beginnen und in weitgehendem Maße den Schlackeneinschlüssen folgen.

Abb. 229.

In Abb. 235 ist das Aussehen einer nahezu parallel zur Walzhaut hergestellten, geschliffenen und geätzten Schnittfläche durch Stück M_2 wiedergegeben. Aus Abb. 235 geht die Walzrichtung des Bleches, die parallel der größten Ausdehnung der hell oder dunkel erscheinenden Eisenteile verläuft, hervor; das Blech ist hiernach quer zur Walzrichtung gerollt. Ferner zeigt sich, daß die Risse, die am oberen Rande der Abbildung zutage treten, entlang dem Rande der Schichten verlaufen, die beim Auswalzen aus einzelnen zusammenzuschweißenden Eisenstücken entstehen und bei der Herstellung des Schliffes etwas schräg geschnitten worden sind. Dies ist auch aus der Ansicht der inneren Blechoberfläche bei Stück M_1 zu schließen, vergl. Abb. 229. Bei dieser scheinen sich infolge der Rost- und Rißbildung die einzelnen verwalzten und verschweißten Eisenstücke voneinander gelöst zu haben und gewissermaßen abzublättern.

Mit dieser Annahme steht in Uebereinstimmung, daß die Risse häufig den Schlackeneinschlüssen folgen. Dies ist außer aus Abb. 234 besonders deutlich aus Abb. 236 (Vergrößerung 75fach) zu erkennen. Zu beachten ist auch die weitgehende Verästelung der Risse, die die einzelnen größeren Schlackeneinschlüsse verbinden. Abb. 237 (Vergrößerung 75fach) zeigt dies sowie den Um-

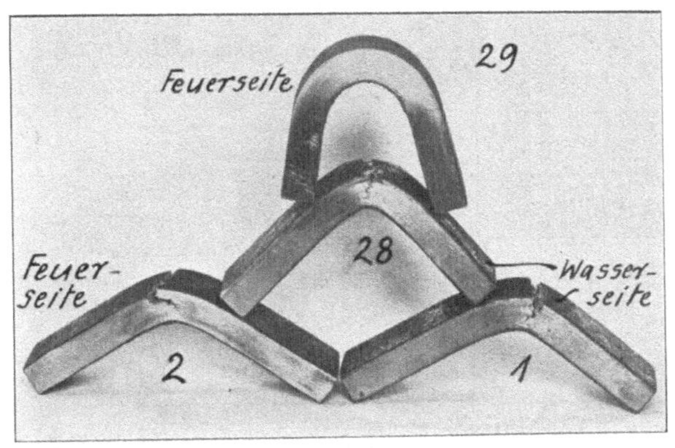

Abb. 230. Stäbe aus dem Scheitel. Stäbe 28 und 29 parallel zu 1 und 2 senkrecht zur Kesselachse, vor der Prüfung ausgeglüht.

Wasserseite.

Abb. 231. Warmbiegeprobe, senkrecht zur Kesselachse, aus dem Scheitel.

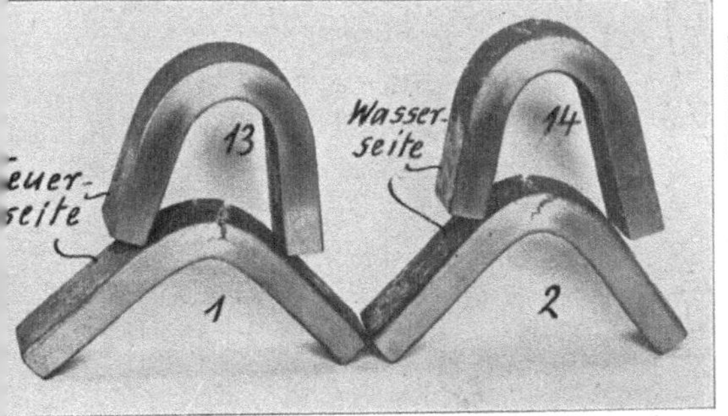

232. Stäbe aus der Sohle. Stäbe 13 und 14 parallel zu 1 2 senkrecht zur Kesselachse, vor der Prüfung ausgeglüht.

Wasserseite.

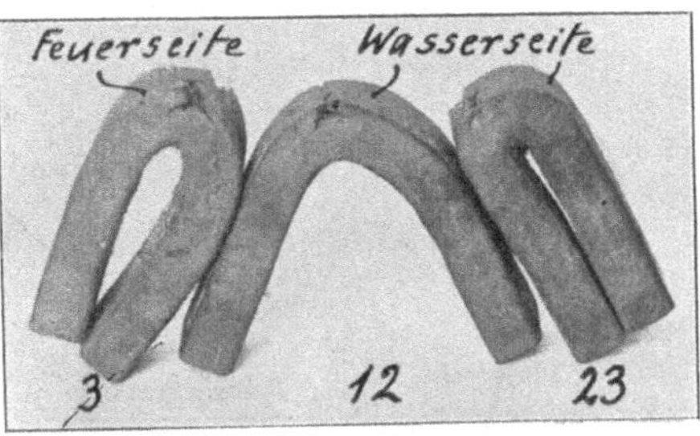

Abb. 233. Stäbe aus der Sohle. Warmbiegeproben. Stab 23 parallel, Stäbe 3 und 12 senkrecht zur Kesselachse.

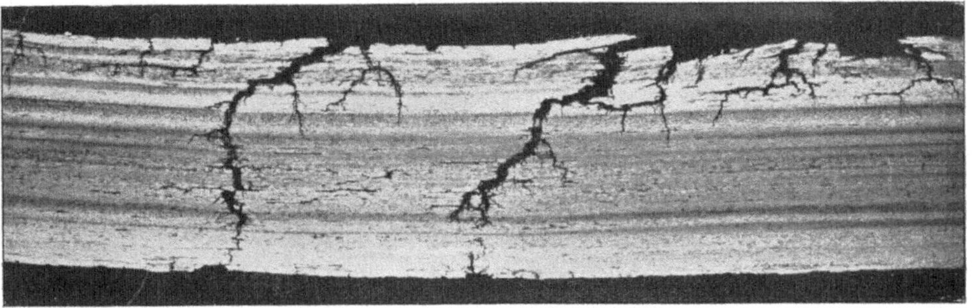

Abb. 234. Stück M_1, Abb. 226 und 227a. $V = 3$.

Abb. 235. $V = 0{,}75$.

Abb. 236. Rand des Bleches. $V = 75$.

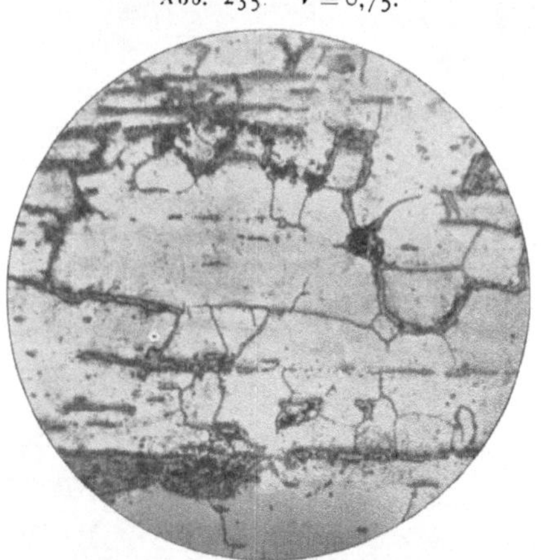

Abb. 237. $V = 75$.

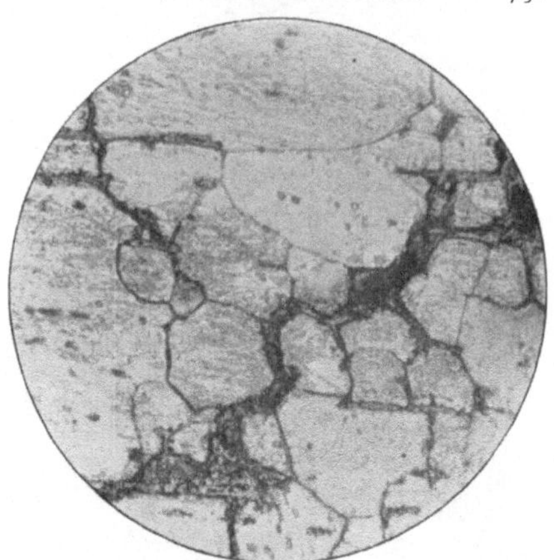

Abb. 238. Stück M_3, Abb. 226. $V = 150$.

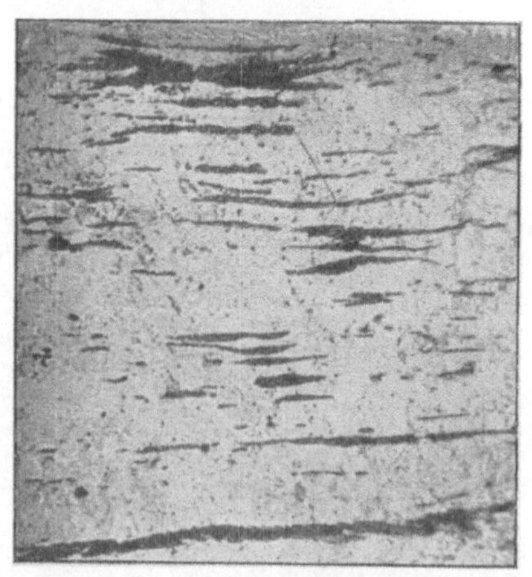

Abb. 239. $V = 75$.

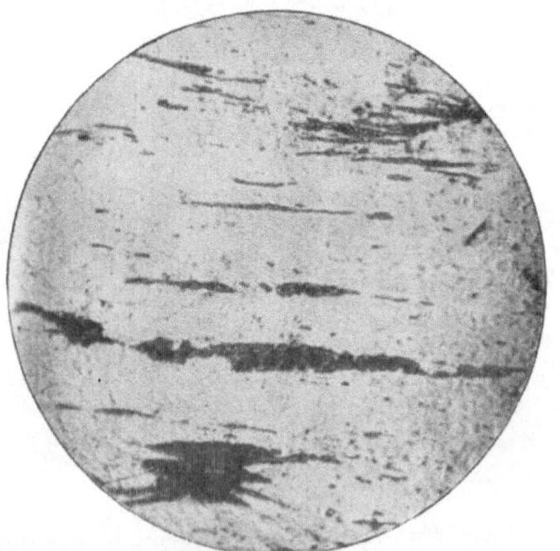

Abb. 240. $V = 75$.

stand deutlich, daß die Risse die einzelnen Körner, aus denen das Eisen aufgebaut ist, voneinander trennen, also fast nie durch ein Korn hindurch verlaufen. Dies geht auch aus Abb. 238 (Vergrößerung 150fach) hervor, die von Stück M_3, Abb. 226, herrührt.

Abb. 239 und 240 (Vergrößerung 75fach) zeigen, daß die Schlackeneinschlüsse überhaupt in dem Material sehr zahlreich und groß sind. Sie besitzen teils glatte Oberfläche, teils sind sie beim Walzen zertrümmert worden, wie z. B. der mittlere, langgestreckte Einschluß *a-a* in Abb. 240.

Die Untersuchung macht es wahrscheinlich, daß das Blech bei der Herstellung mangelhaft verschweißt, also von Haus aus von weniger guter Beschaffenheit war. Hierfür sprechen insbesondere die Abb. 234, 235, 239 und 240.

Zusammenfassung.

1) Bei der mechanischen Prüfung erweist sich das Material sowohl im ausgeglühten Zustand als auch im Zustand der Einlieferung als minderwertig.

2) Die Tafel ist quer zur Walzrichtung gerollt.

3) Das Blech scheint an und für sich von geringerer Güte.

28) Dampfkessel aus der Pfalz.

Blechdicke rd. 16 mm.

a) Angaben, die der Materialprüfungsanstalt gemacht worden sind.

Das eingelieferte Stück, dargestellt in Abb. 241, stammt vom Scheitel des hinteren Endes des 5. Mantelschusses eines aus 7 Schüssen bestehenden Zwei-

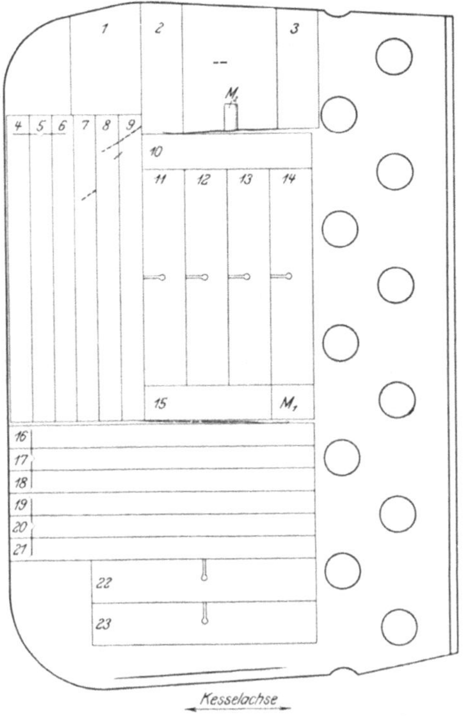

Abb. 241. Ansicht von der Wasserseite.

Legende zu Abb. 241.

1 Schmiede- und Lochprobe bestanden
2 Hartbiegeprobe bestanden
3 » »

		K_z	φ	ψ
4	Zugversuche, ausgeglüht	3422	30,2 vH	70,0 vH
5		3395	31,2 »	70,6 »
6		3486	33,9 »	71,2 »
8	Zugversuche, Einlieferungszust.	3489	25,5 »	69,6 »
9		3517	27,8 »	70,1 »

10 Hartbiegeprobe bestanden
11 Kerbschlagprobe, Einlieferungszust. $A = 17{,}9$
12 » » $A = 9{,}6$
13 » ausgeglüht $A = 18{,}4$
14 » » $A = 19{,}9$
15 Hartbiegeprobe bestanden

		K_z	φ	ψ
16	Zugversuche, Einlieferungszustand	3454	19,7 vH	63,2 vH
17		3451	19,3 »	63,4 »
18		3497	21,9 »	63,4 »
19	Zugversuche, ausgeglüht	3455	29,3 »	63,6 »
20		3466	32,8 »	64,8 »
21		3480	29,0 »	64,6 »

22 Kerbschlagprobe, Einlieferungszustand, $A = 8{,}3$
23 » , ausgeglüht, $A = 14{,}5$

flammrohrkessels von 10650 mm Länge und 2100 mm Dmr., der im Jahre 1903 für 9 at Ueberdruck gebaut worden war (Heizfläche 101 qm, Rostfläche 2,72 qm).

Die in Abb. 241 eingezeichneten Risse, die in der Hauptsache parallel zur Kesselachse verlaufen, sind gelegentlich der Wasserdruckprobe beobachtet worden, doch war einer derselben nach den Feststellungen des Revisionsingenieurs schon während des Betriebes undicht gewesen.

b) Ergebnisse der Untersuchung in der Materialprüfungsanstalt.

Bei der metallographischen Untersuchung zeigte sich, daß noch weit mehr Risse vorhanden sind, die allerdings sehr geringe Breite besitzen. Stück M_2,

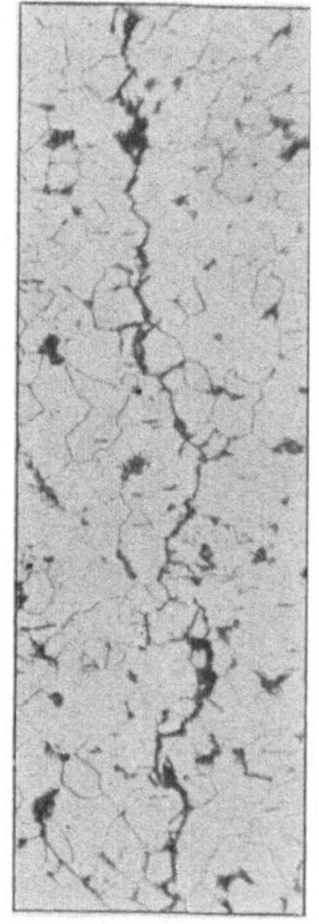

Abb. 242. Stelle *a*, Abb. 243. Außenseite. $V = 75$.

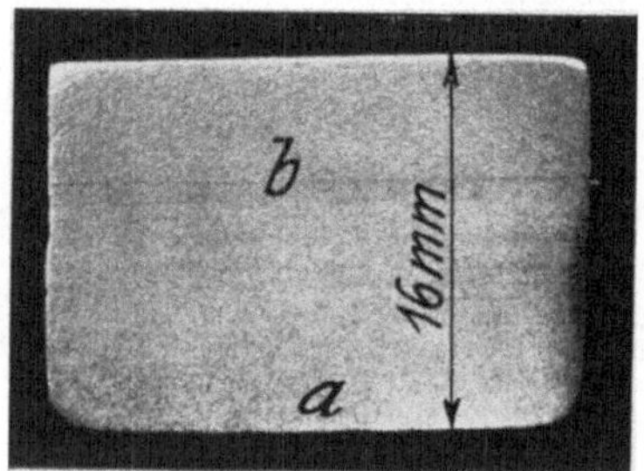

Abb. 243. Stück M_2.

Abb. 245. Aus Stück M_1, Schnitt parallel zur Walzhaut. $V = 300$.

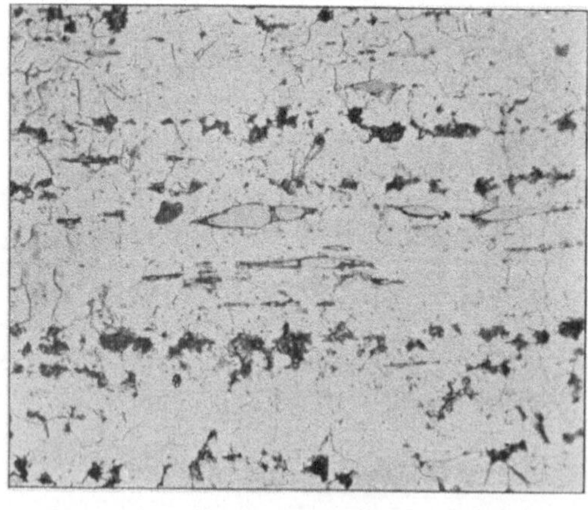

Abb. 244. Stelle *b*, Abb. 243. $V = 150$.

Abb. 243, enthält deren noch 3; sie verlaufen fast stets den Grenzen der Körner, aus denen das Eisen aufgebaut ist, entlang. Abb. 242 (Vergrößerung 75fach), welche die Stelle *a* in Abbildung 243 abbildet, zeigt dies.

Der Gehalt des Materials an Perlit, d. s. die dunklen, vom Kohlenstoffgehalt herrührenden Flecken, z. B. in Abb. 244, ist am Rande sehr gering. Nahe der Mitte der Blechdicke ist er größer, vergl. Abb. 244 (Vergrößerung 150fach), welche die Stelle *b* aus Abb. 243 abbildet. Dort sind auch zahlreiche grobe und feine Schlackenteile zu beobachten. In einer Schnittfläche parallel zur Walzhaut wurden »kristallisierte« Schlackenteile beobachtet, deren einer in Abb. 245 (Vergrößerung 300fach) abgebildet ist. Stellenweise treten die wiederholt erwähnten »Spalten« auf. Abb. 243 zeigt ferner, daß die dunkler erscheinende Mittelschicht verhältnismäßig geringe Breite besitzt.

Die Ergebnisse der mechanischen Prüfung gehen aus Abb. 241 hervor. Danach beträgt die Zugfestigkeit im Einlieferungszustand im Durchschnitt 3503 bis 3467 kg/qcm, nach dem Ausglühen 3434 bis 3467 kg/qcm, je nachdem die Stabachse senkrecht oder parallel zur Kesselachse liegt. Bruchdehnung (auf 150 mm Meßlänge; Stabquerschnitt rd. 1,75 qcm) 26,7 bis 20,3 (Einlieferungszustand) bezw. 31,8 bis 30,4 vH (ausgeglüht). Die Bruchdehnung der Stäbe parallel zur Kesselachse, geprüft im Einlieferungszustand beträgt also nur 20,3 vH, d. i. weniger als diejenige der Stäbe senkrecht zur Kesselachse, ebenfalls im Einlieferungszustand geprüft, welche in einer hydraulischen Presse vorsichtig kalt gerade gerichtet wurden, womit eine Verminderung der Bruchdehnung verbunden zu sein pflegt.

Die Werte des Arbeitsverbrauches bei der Kerbschlagprobe (Stäbe nach Abb. 1) liegen für die im Einlieferungszustand geprüften Stäbe zwischen 8,3 und 17,9, für die ausgeglühten Probekörper zwischen 14,5 und 19,9 mkg/qcm. Diese Werte sind zwar im Vergleich mit dem, was sonst schon an Kesselblechen ermittelt worden ist, nicht gering (die Werte gehen bis auf etwa 1 mkg/qcm herunter), doch erweist sich das Material als etwas ungleichartig.

Das Verhalten bei den Zugversuchen (Kleinheit der Bruchdehnung der unausgeglühten Stäbe parallel zur Kesselachse) und bei der Kerbschlagprobe (Ungleichartigkeit) scheint darauf hinzudeuten, daß das Material eine Behandlung erfahren hat, durch welche die Zähigkeit stellenweise Verminderung erfuhr.

Hartbiegeprobe, Schmiede- und Lochprobe wurden bestanden.

Zusammenfassung.

1) Das Material gehört zu den Blechen, deren Zugfestigkeit unter 4100 kg/qcm, nahe der unteren zulässigen Grenze von 3400 kg/qcm gelegen ist. Es genügt den deutschen Materialvorschriften.

2) Im Einlieferungszustand ergaben die Stäbe parallel zur Kesselachse geringe Werte für die Bruchdehnung.

3) Das Material enthält Schlackenteile in größerer Anzahl sowie eigenartige Gefügebilder.

4) Das Blech scheint eine Behandlung erfahren zu haben, durch welche die Zähigkeit stellenweise Verminderung erfuhr.

29) Mannlochdeckel,

nach Angabe im Betriebe bei 12 at gebrochen, Blechdicke rd. 15 mm.

Der eingelieferte Deckel ist in Abb. 246, ein Teil des Deckels in Abb. 247 abgebildet. Wie ersichtlich, sind zwischen den Nietlöchern Risse vorhanden.

Die dem Stück entnommenen Stäbe sind in Abb. 246 eingezeichnet[1]).

Zur Entnahme eines Stückes für die Schmiede- und Lochprobe reichte das vorhandene Material nicht aus.

Die Ergebnisse der Versuche sind bei Abb. 246 angegeben.

Danach beträgt im Durchschnitt

die Zugfestigkeit des Materials im Einlieferungzustand . . . 3562 kg/qcm,
» » » » » ausgeglühten Zustand . . 3583 »
» Bruchdehnung » » » Einlieferungszustand auf
120 mm bei 3,47 qcm Querschnitt . . . . 31,5 vH,
» » des Materials im ausgeglühten Zustand auf
100 mm bei 1,47 qcm Querschnitt . . . . 31,8 »
» Querschnittverminderung des Materials im Einlieferungszustand 64,0 »
» » » » » ausgeglühten Zustand 66,0 »

Die Hartbiegeprobe wurde bestanden. An der Innenseite der Streifen trat nach dem Entlasten Aufbrechen ein.

Bei der Kerbschlagprobe (Stäbe nach Abb. 1) betrug die zum Bruch verbrauchte Arbeit im Durchschnitt

im Einlieferungszustand . . . . 12,8 mkg/qcm,
im ausgeglühten Zustand . . . . 15,4 »

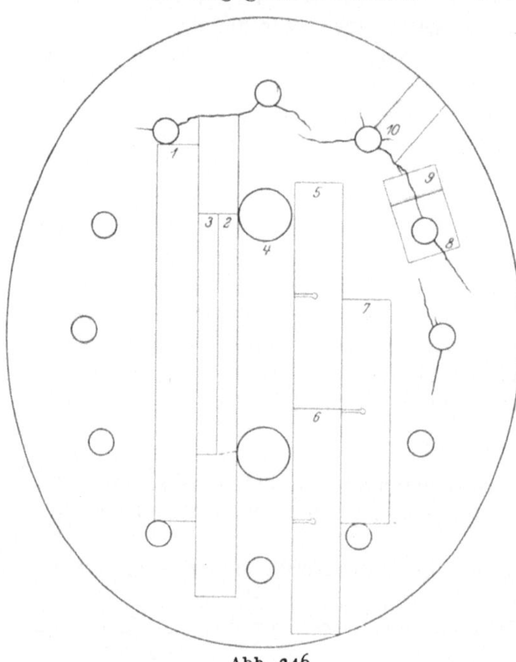

Abb. 246.

Legende zu Abb. 246.

1 Zugversuch, Einlieferungszustand $Kz = 3562$, $\varphi = 31,5$ vH, $\psi = 64,0$ vH

2 Zugversuche $Kz = 3580$, $\varphi = 31,6$ vH, $\psi = 66,1$ vH

3 ausgeglüht $Kz = 3585$, $\varphi = 31,9$ vH, $\psi = 65,9$ vH

5 Kerbschlagprobe, Einlieferungszustand $A = 13,5$

6 » ausgeglüht $A = 15,4$

7 » Einlieferungszustand $A = 12,1$.

[1]) Streifen 2 und 3 bildeten ursprünglich einen Stab. Bei der Prüfung trat schon unter sehr geringer Belastung an der Einspannungsstelle der Bruch ein infolge alter Anrisse, die vorher nicht zu beobachten gewesen waren. Der Stab wurde deshalb in 2 Teile zerlegt, und jeder dieser einzeln geprüft. Dabei ergab sich, daß der Bruch des ganzen Stabes noch unterhalb der Streckgrenze des Materials eingetreten war. Infolge der großen Unterschiede in den Stababmessungen sind die neben der Zeichnung enthaltenen Werte der Bruchdehnung nicht ohne weiteres vergleichbar, was jedoch im vorliegenden Fall von geringer Bedeutung erscheint, weil die Bruchdehnung reichlich groß ermittelt worden ist.

Abb. 248 zeigt die geschliffene und geätzte Oberfläche des Stückes 8, Abb. 246 und 247. Wie ersichtlich, sind außer den Rissen, die in Abb. 247 zu erkennen waren, noch zahlreiche andere, sehr feine Risse vorhanden, welche größtenteils radial zum Nietloch verlaufen.

Einen Querschnitt durch das Nietloch in Stück 10, Abb. 246, gibt Abb. 249 wieder. Dabei zeigt sich ein Riß, der nahezu parallel zur Lochwand verläuft. Außerdem ist zu erkennen, daß die Schichten im Blech am Lochrand eine Umbiegung aufweisen, das Loch also durch Stanzen erzeugt wurde. (Für die Wiedergabe ist eine der Schichten eingezeichnet.)

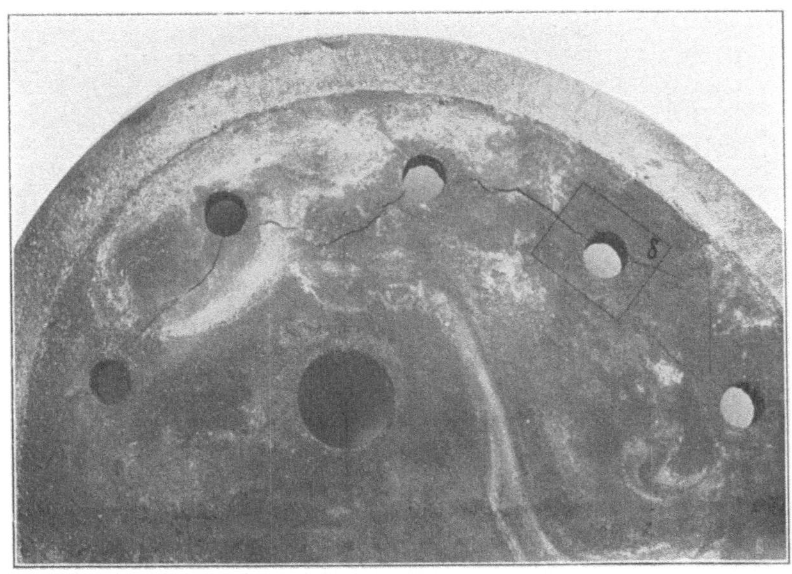

Abb. 247.

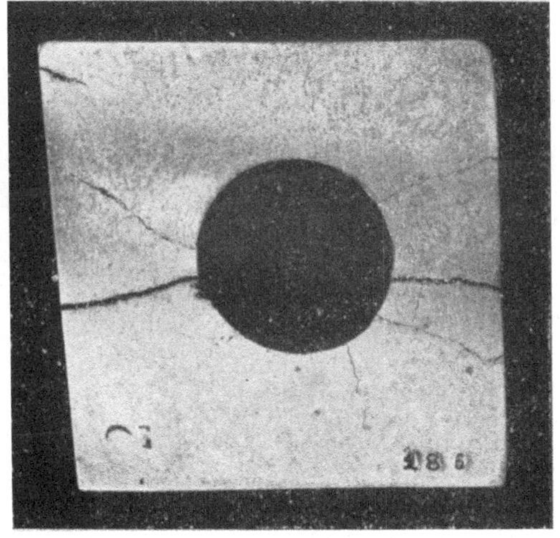

Abb. 248. Nat. Gr.

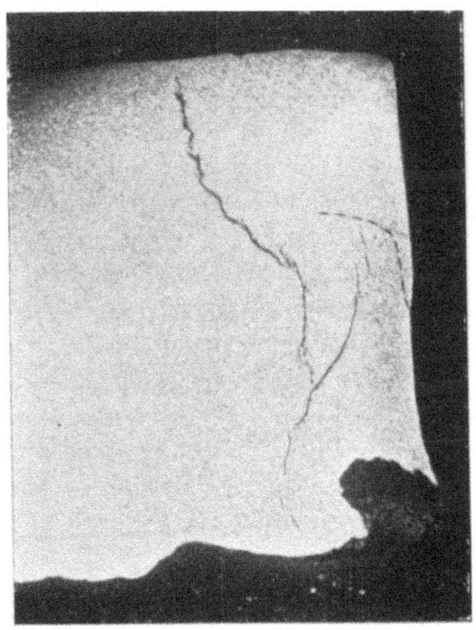

Abb. 249. $V = 4$

Bei der Betrachtung durch das Mikroskop zeigen sich im Material sehr zahlreiche fein verteilte Schlackeneinschlüsse, vergl. Abb. 250 (Vergrößerung 75fach). Anzeichen für Ueberhitzung fehlen.

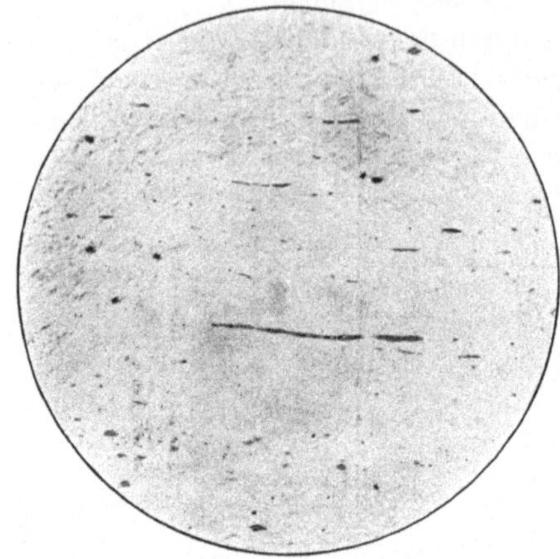

Abb. 250. $r = 75$.

Zusammenfassung.

1) Das Material ist ein Blech von rd. 3600 kg/qcm Zugfestigkeit und 31,8 vH Bruchdehnung auf 100 mm.

2) Die Nietlöcher sind gestanzt. Sie weisen zahlreiche radiale Anrisse auf.

3) Das Blech enthält sehr zahlreiche, fein verteilte Schlackeneinschlüsse.

30) Schweißeiserne Flammrohrschüsse.

Blechdicke rd. 16 mm.

a) Angaben, die der Materialprüfungsanstalt gemacht worden sind.

Die eingelieferten Schüsse stammen aus einem kombinierten Kessel mit 2 Flammrohren von 800 mm Dmr. im Unterkessel und 88 Siederohren von je 89 mm äußerem Durchmesser im Oberkessel. Der im Folgenden mit *A* bezeichnete Schuß bildet den ersten Schuß des rechten, der mit *B* bezeichnete den zweiten Schuß des linken Flammrohres. Der letztere besaß in der Krempung parallel zur Achse des Rohres einen rd. 100 mm langen Riß, der gelegentlich einer Besichtigung abgebohrt und mittels vernieteter Schrauben dicht gemacht worden war.

Aus dem »Fragebogen« des Materialprüfungsausschusses des Vereines deutscher Ingenieure geht Folgendes hervor:

Das Material ist im Jahre 1896 bestellt und von einem privaten Abnahmeingenieur geprüft worden. Es ist Schweißeisen-Feuerblech; seine Zugfestigkeit lag für

Längsfaser	zwischen	3610	und	3950 kg/qcm
Querfaser	»	3590	»	4000 »

Die Bruchdehnung auf 200 mm Meßlänge (Querschnitt der Stäbe 3,62 bis 5,73 qcm; der Beziehung $11,3 \sqrt{f}$ würde 3,14 qcm entsprechen) ergab sich für

Längsfaser	zwischen	21,5	und	27,8 vH
Querfaser	»	21,0	»	28,5 »

Warm- und Kaltbiegeproben fielen befriedigend aus. Verfeuert wurden etwa 200 bis 300 kg Steinkohlen in der Stunde (Handbeschickung). Die Schlacken wurden herausgezogen und vor dem Kessel durch Besprengen mit einer Gießkanne abgelöscht.

Im Kessel war fester Stein von einer Stärke bis etwa 10 mm entstanden. Ablassen des Wassers erfolgte etwa alle 8 Wochen.

b) Ergebnisse der Untersuchung in der Materialprüfungsanstalt.

Zur Untersuchung fand nur der Schuß *A* Verwendung. Abb. 251 zeigt das Aussehen seiner Abwicklung von der Innenseite. Senkrecht zur Kessel-

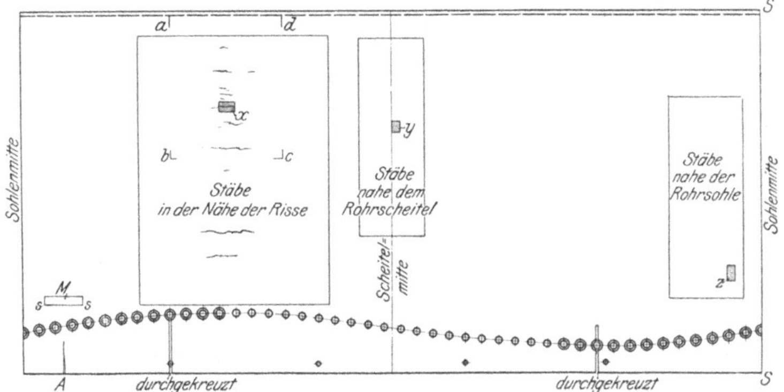

Abb. 251.

Abb. 252.

achse sind namentlich auf der einen Seite zahlreiche Risse vorhanden, welche unmittelbar oberhalb des Rostes verlaufen. (Die Mehrzahl der Risse durchdringt das Blech nicht völlig.) Abb. 252 gibt die Stelle *a-b-c-d* von Abb. 251 wieder und läßt diese Risse deutlich erkennen. Bei *A*, Abb. 251, befindet sich eine überlappte Schweißnaht, wie aus dem Querschnitt bei *s-s* durch das Stück *M* hervorgeht, der in Abb. 253 abgebildet ist.

Abb. 253.

Zum Zwecke der mechanischen Untersuchung wurden durch Sägen Streifen entnommen und, soweit erforderlich, sorgfältig kalt gerade gerichtet. Zu den Versuchen wurden Stäbe aus der Umgebung der Risse und solche fern von den letzteren entnommen, und zwar unter dem Rost (nahe der Sohle des Flammrohres) sowie über dem Rost (nahe dem Scheitel des Flammrohres).

Die Durchschnittswerte der Ergebnisse der vorgenommenen Zugversuche bei gewöhnlicher und höherer Temperatur sind in der folgenden Zusammenstellung enthalten. Die Einzelwerte sind in der Zahlentafel 1 und 2 wiedergegeben.

Die im Einlieferungszustand geprüften Stäbe parallel zur Rohrachse weisen eine Zugfestigkeit auf von

3420 kg/qcm in der Nähe der Risse,
3545 » nahe dem Rohrscheitel (über dem Rost),
3383 » » der Rohrsohle (unter dem Rost).

Die zugehörigen Bruchdehnungen[1]) betragen 9,7, 10,7 und 14,0 vH. Die Festigkeit nimmt hiernach vom Scheitel nach der Sohle hin ab; die Bruchdehnung ist in der Nähe der Risse am geringsten.

Bei Prüfung im ausgeglühten Zustand sind die entsprechenden Zahlen 3397 kg/qcm und 10,9 vH für Stäbe von der zuerst genannten Stelle. Eine erhebliche Verbesserung des Materials ist also durch das Ausglühen nicht erreicht worden.

Bei den im Einlieferungszustand geprüften Stäben senkrecht zur Rohrachse stehen sich gegenüber:

3693 kg/qcm in der Nähe der Risse,
3763 » nahe dem Rohrscheitel (über dem Rost),
3617 » » der Rohrsohle (unter dem Rost).

Die zugehörigen Bruchdehnungen[1]) betragen 15,2, 20,6, 22,9 vH, also bedeutend mehr als bei den Stäben parallel zur Rohrachse, obwohl hier Geraderichten im kalten Zustand der Prüfung voraus ging, wodurch die Bruchdehnung vermindert wird. Infolge des Ausglühens sinkt bei den zuerst genannten Stäben die Zugfestigkeit auf 3481 kg/qcm, während die Bruchdehnung[1]) 18,5 vH beträgt. Die im ausgeglühten Zustand geprüften Stäbe ergeben somit Festigkeitswerte, die

[1]) Bruchdehnung auf $l = 11,3 \sqrt{f} = 180$ mm.

Zahlentafel 1 zu Blech Nr. 30.
Stäbe in der Nähe der Risse.

Richtung zur Rohrachse	Versuchs-temperatur °C	Zugfestigkeit Einzelwert kg/qcm	Zugfestigkeit Mittelwert kg/qcm	Bruchdehnung auf $l = 11,3 \sqrt{f} = 180$ mm Einzelwert vH	Bruchdehnung Mittelwert vH	Querschnittsverminderung Einzelwert vH	Querschnittsverminderung Mittelwert vH
		Stäbe im Einlieferungszustand.					
parallel	20	3506 3397 3358	**3420**	— 9,9 9,5	**9,7**	— 14,8 13,2	**14,0**
parallel	100	3285 3331 3506	**3374**	6,6 7,1 4,4	**6,0**	12,9 10,9 5,8	**9,9**
parallel	200	3751 3073 3305	**3376**	— 4,5 4,6	**4,6**	— 10,4 9,3	**9,9**
parallel	300	3719 3763 3726	**3736**	6,1 7,8 5,8	**6,6**	8,2 8,9 7,3	**8,1**
senkrecht[1])	20	3790 3588 3700	**3693**	16,8 — 13,6	**15,2**	34,2 — 26,1	**30,2**
senkrecht[1])	100	3776 3451 3650	**3626**	— 5,1 9,2	**7,2**	— 16,3 23,7	**20,0**
senkrecht[1])	200	4147 3992 3938	**4026**	— 10,6 9,6	**10,1**	— 19,5 21,6	**20,6**
senkrecht[1])	300	4061 4092 4103	**4085**	— 14,0	**14,0**	— — 22,5	**22,5**
		Stäbe vor der Prüfung ausgeglüht.					
parallel	20	3418 3525 3248	**3397**	11,3 11,9 9,5	**10,9**	15,2 14,4 15,0	**14,9**
senkrecht[1])	20	3422 3449 3572	**3481**	18,0 19,0 —	**18,5**	36,3 33,6 —	**35,0**

in allen Fällen geringer sind als die bei den nicht ausgeglühten Stäben erlangten. Die Längs- und die Querstäbe genügen den heutigen deutschen Materialvorschriften nicht (Dehnung mindestens 20 bezw. 15 vH).

Bei Prüfung in höheren Temperaturen ändern sich die Festigkeitseigenschaften verhältnismäßig wenig.

Weitere Versuche wurden angestellt mit Stäben, die durch Halbieren des Bleches in der Dickenrichtung gewonnen waren. Es ergeben sich folgende Werte:

[1]) Die Stäbe senkrecht zur Rohrachse, geprüft im Einlieferungszustand, wurden in einer hydraulischen Presse kalt vorsichtig gerade gerichtet.

Zahlentafel 2 zu Blech Nr. 50.
Stäbe in der Nähe der Risse.

Richtung zur Rohrachse	Versuchs-temperatur	Zugfestigkeit		Bruchdehnung auf $l = 11{,}3\sqrt{f} = 180$ mm		Querschnittverminderung	
		Einzelwert	Mittelwert	Einzelwert	Mittelwert	Einzelwert	Mittelwert
	°C	kg/qcm	kg/qcm	vH	vH	vH	vH
Stäbe nahe dem Rohrscheitel im Einlieferungszustand.							
parallel	20	3599 3553 3482	**3545**	— 11,3 10,0	**10,7**	— 15,6 14,8	**15,2**
senkrecht[1]	20	3763 3790 3735	**3763**	— 20,9 20,2	**20,6**	— 33,5 30,4	**32,0**
Stäbe nahe der Rohrsohle im Einlieferungszustand.							
parallel	20	3348 3394 3406	**3383**	13,6 13,7 14,5	**14,0**	20,3 19,7 19,7	**19,9**
senkrecht[1]	20	3563 3645 3643	**3617**	23,6 23,1 21,9	**22,9**	35,3 39,4 33,7	**36,1**

Streifen, nahe dem Scheitel entnommen (über dem Rost).

	Feuerseite	Wasserseite
Zugfestigkeit	$\frac{3380 + 3480 + 3400}{3} = 3420$	$\frac{3260 + 3260 + 3180}{3} = 3233$ kg/qcm
Bruchdehnung[2]) . . .	7,8	8,3 vH.
Querschnittverminderung	12,0	12,0 »

Streifen, nahe der Sohle entnommen (unter dem Rost).

	Feuerseite	Wasserseite
Zugfestigkeit	$\frac{3260 + 3280 + 3340}{3} = 3293$	$\frac{3760 + 3740 + 3780}{3} = 3760$ kg/qcm
Bruchdehnung[2]) . . .	13,6	21,5 vH.
Querschnittverminderung	16,0	28,0 »

Diese Werte deuten auf eine große Ungleichförmigkeit des Materials hin.

Bei den Biegeproben brachen die im kalten Zustand geprüften Streifen, entnommen nahe den Rissen, nach Biegung um 25, 25 und 80, bezw. 50°, wie aus den Abb. 254, 255, 256 und 257 hervorgeht. (Prüfung im Einlieferungszustand.) Verlangt ist für ausgeglühte Stäbe nach den deutschen Materialvorschriften, daß Schweißeisenblech von 14 bis 16 mm Dicke sich längs um 150°, quer um 130° um einen Dorn von einem Durchmesser gleich der Materialdicke biegen läßt, ohne daß sich auf der Außenseite in der Mitte der Biegungsstelle ein deutlicher Bruch im Metall zeigt. Die oben erwähnten Biegeversuche haben also Ergebnisse geliefert, die diesen Anforderungen nicht entsprechen. Bei der Prüfung im rotwarmen Zustand ließen sich (wie verlangt) diejenigen Streifen flach zusammenbiegen, ohne Risse zu erhalten, bei denen die Wasserseite Zugbeanspruchung erfuhr, während die Streifen, die im umge-

[1]) Vergl. Fußbemerkung zu Zahlentafel 1.

[2]) Bruchdehnung auf $l = 11{,}3\sqrt{f} = 80$ mm.

Abb. 254 bis 257: Stäbe, entnommen nahe den Rissen.

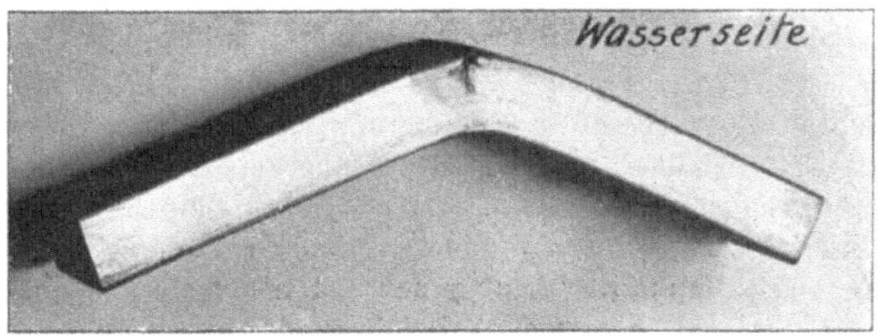

Abb. 254. Stab parallel zur Kesselachse.

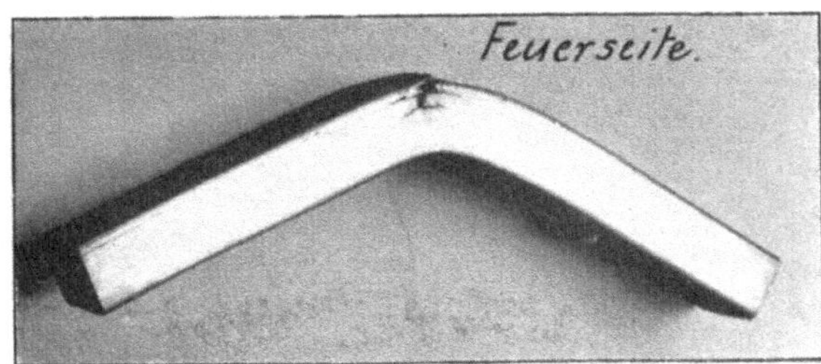

Abb. 255. Stab parallel zur Kesselachse.

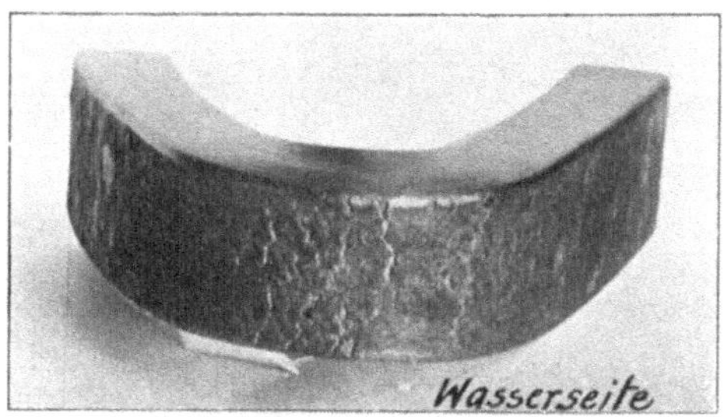

Abb. 256. Stab senkrecht zur Kesselachse.

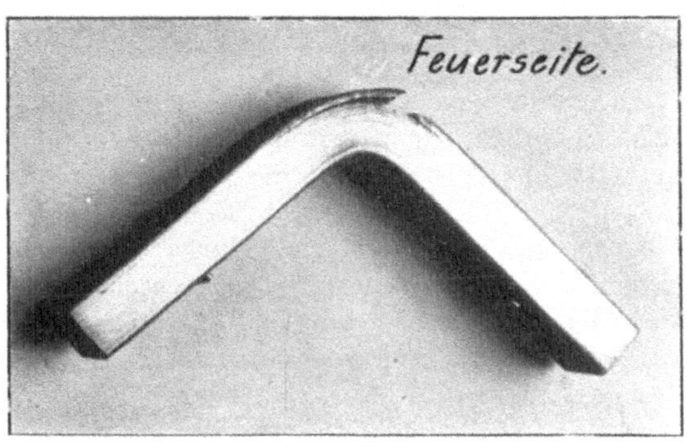

Abb. 257. Stab senkrecht zur Kesselachse.

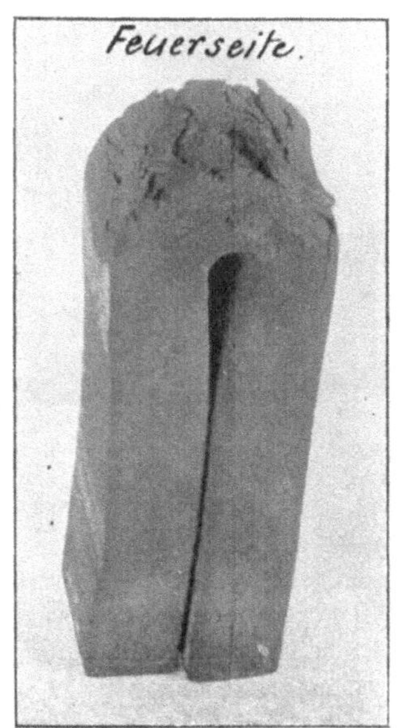

Abb. 258. Warmbiegeprobe. Stab parallel zur Kesselachse. Der Stab senkrecht zur Kesselachse zeigt gleiches Aussehen.

kehrten Sinn gebogen wurden, so daß die Zugbeanspruchung auf der Feuerseite erfolgte, bei Biegung um 180° Abblättern zeigten, wie aus Abb. 258 hervorgeht.

Die Stäbe vom Rohrscheitel, welche kalt gebogen wurden, verhielten sich ähnlich, wie zu Abb. 254 bis 257 bemerkt. Bruch erfolgte bei den Stäben parallel zur Rohrachse, gebogen im Einlieferungszustand, nach Biegung um 35 und 45°, vergl. Abb. 259 und 260; von den Stäben senkrecht zur Kesselachse, geprüft im Einlieferungszustand, hat einer den Anforderungen entsprochen, der andere brach nach Biegung um 80°, beim ersteren war die Wasserseite, beim letzteren die Feuerseite auf Zug beansprucht. Ein ausgeglühter Streifen parallel zur Rohrachse (Feuerseite gezogen) brach nach Biegung um 60°, ein ebensolcher, rotwarm gebogen, zeigte das Aussehen Abb. 258.

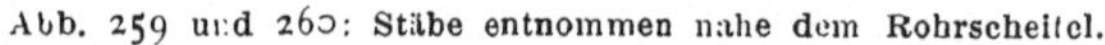
Abb. 259 und 260: Stäbe entnommen nahe dem Rohrscheitel.

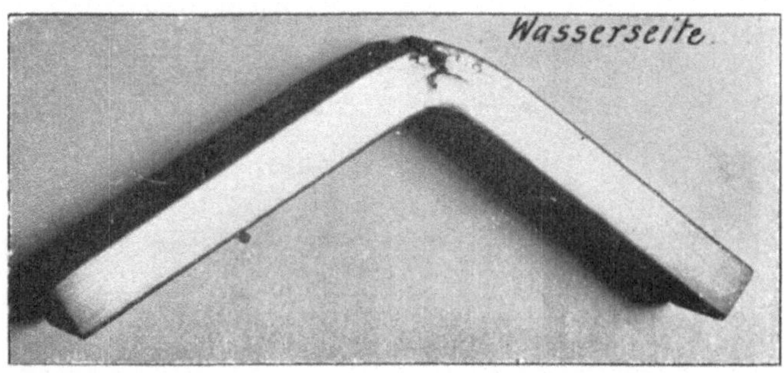

Abb. 259. Stab parallel zur Kesselachse.

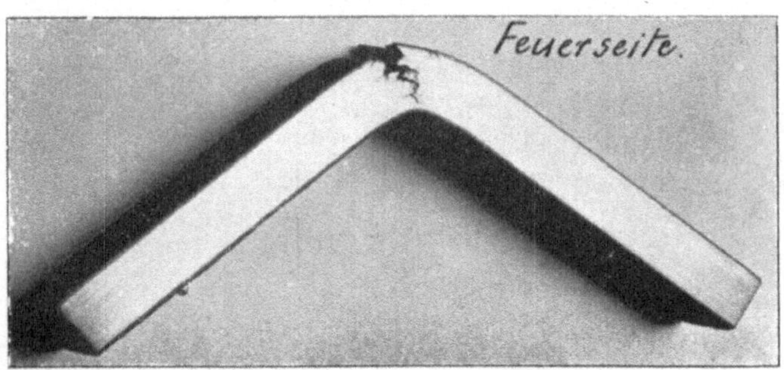

Abb. 260. Stab parallel zur Kesselachse.

Stäbe von der Rohrsohle. Von 2 Streifen parallel zur Kesselachse, geprüft im Einlieferungszustand, brach der eine (Biegung derart, daß die Feuerseite gezogen war) nach Biegung um 55°, der andere befriedigte die Anforderungen (Biegung erzeugte Zug auf der Wasserseite). Dasselbe ergab sich bei einem Streifen senkrecht zur Rohrachse bei der letzteren Biegungsrichtung. War die Feuerseite gezogen, so erfolgte Bruch bei einem weiteren Streifen nach Biegung um 90°. Ein ausgeglühter Streifen parallel zur Rohrachse (Feuerseite gezogen) brach nach Biegung um 65°. Rotwarm gebogen zeigte ein solcher Streifen das Aussehen Abb. 258.

Von 20 Streifen haben also 5 den Anforderungen entsprochen; bei ihnen erfolgte Biegung derart, daß Zug auf der Wasserseite eintrat, ihre Richtung war teils parallel, teils senkrecht zur Kesselachse. 3 Streifen, bei denen die Wasserseite gezogen worden ist, sind jedoch vorzeitig gebrochen.

Schmiede- und Lochprobe wurden bestanden.

Zur chemischen Untersuchung, die von den vereidigten Handelschemikern Dr. Hundeshagen und Dr. Philip in Stuttgart durchgeführt wurde, sind Späne entommen worden

a) an der Stelle x nahe den Rissen, Abb. 251, von der Feuerseite ausgehend bis auf den Grund der Risse, etwa halbe Blechdicke;

b) an der Stelle x nahe den Rissen, Abb. 251, von dem nach Entnahme der Späne a verbleibenden Material;

c) an der Stelle y nahe dem Scheitel, Abb. 251, über die ganze Blechdicke;

d) an der Stelle z nahe der Sohle, Abb. 251, von der Feuerseite bis zur halben Blechdicke;

e) an der Stelle z, aus dem nach Entnahme der Späne d noch verbleibenden Material.

Ergebnisse der chemischen Untersuchung.

Gehalt an	Probe *a*	*b*	*c*	*d*	*e*
Gesamtkohlenstoff	0,145	0,138	—	—	—
gebundenem Kohlenstoff	0,123	0,122	—	—	—
Graphit	0,022	0,016	—	—	—
Mangan	0,111	0,108	—	—	—
Nickel	0,050	0,050	—	—	—
Chrom	0,008	0,008	—	—	—
Kupfer	0,124	0,120	—	—	—
Silizium	0,0935	0,0936	—	—	—
Titan	—	—	—	—	—
Schwefel	0,017	0,020	0,0017	0,003	0,002
Phosphor	0,164	0,132	0,094	0,110	0,095
Arsen	0,150	0,143	—	—	—
Antimon, Zinn	—	—	—	—	—
Vanadin	—	—	—	—	—
Stickstoff	0,019	0,014	—	—	—

Die metallographische Untersuchung zeigte, daß das Material außergewöhnlich scharf ausgebildete Trennung der einzelnen Körner aufweist. Abb. 261 (kurz geätzt, Vergrößerung 150fach) läßt dies erkennen. Diese scharfe Abgrenzung kann durch zu hohe und langdauernde Erhitzung entstanden sein, wodurch die Korngrenzen auch im Innern oxydieren. Ist dies eingetreten, so ist das Material dauernd verdorben (verbrannt). Wie die Ergebnisse der mechanischen Untersuchung zeigen, konnte durch Ausglühen eine wesentliche Verbesserung der Eigenschaften nicht erreicht werden. Dieser Umstand im Verein mit Abb. 261 macht es wahrscheinlich, daß Verbrennen stattgefunden hat. Da das Gefügebild. Abb. 261, ausgeprägt vorhanden ist in der Nähe der Risse sowie an der Rohrsohle, dagegen an der Schweißnaht nicht, so wird anzunehmen sein, daß das Material bei der Erhitzung, die zum Zwecke der Schweißung oder des nachfolgenden Ausglühens erfolgte, gelitten hat und an der Schweißstelle selbst entweder weniger ungünstig erwärmt oder durch die dort stattgehabte mechanische Bearbeitung etwas verbessert worden ist. Das Gefüge am Rohrscheitel ist in Abb. 262 wiedergegeben. Das eigenartige Gefügebild, Abb. 261, ist hier nicht zu beobachten. Die dunkeln Flecken sind zum großen Teil Perlit, d. h. der vom Kohlenstoffgehalt herrührende Gefügeteil. Die Ergebnisse der metallographischen Untersuchung stehen also insofern in Uebereinstimmung mit denjenigen der mechanischen Prüfung, als das Material am Scheitel die Anzeichen des Verbrennens, Abb. 261, nicht aufweist und Zugfestigkeit sowie Dehnung vom Scheitel nach

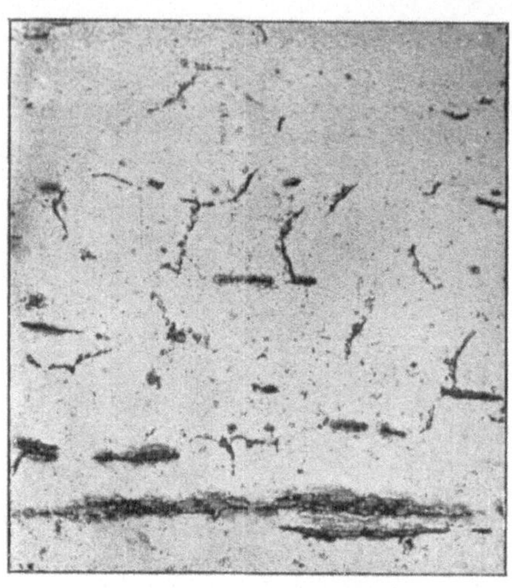

Abb. 261. $v = 150$.

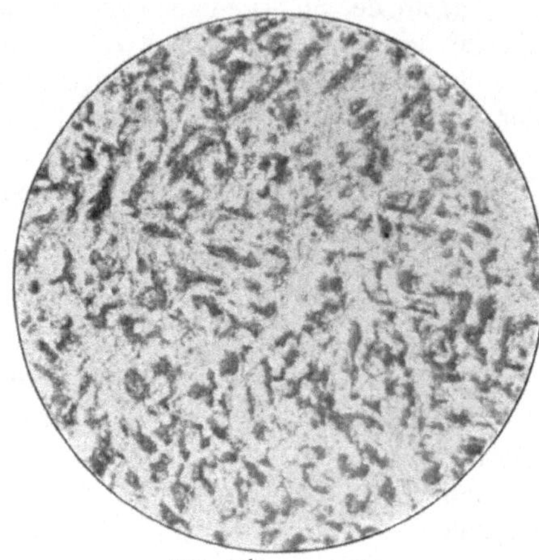

Abb. 262. $v = 150$.

der Sohle hin ungünstigere Werte ergeben. Wenn also auch die Risse wohl als Folge der Wärmeschwankungen unmittelbar oberhalb des Rostes anzusehen sein werden, so erscheint doch als tieferliegender Grund die Mangelhaftigkeit des Materials an dieser Stelle, verursacht, soweit erkennbar, jedenfalls zu einem Teile durch die Behandlung des Flammrohrschusses bei der Herstellung.

Zusammenfassung.

1) Das Material ist Schweißeisen.

2) Es erweist sich als minderwertig sowohl im Einlieferungszustand, als auch nach dem Ausglühen.

3) Das eingelieferte Stück enthält eine Schweißnaht.

4) Das Gefüge weist darauf hin, daß das Material durch langdauernde oder hohe Erhitzung notgelitten hat, insbesondere in der Nähe der Stelle, an der die Risse entstanden sind, sowie an der Rohrsohle.

5) Hinsichtlich des Entstehens der Risse dürfte anzunehmen sein, daß die Ursache in den Wärmeschwankungen zu suchen ist, die sich unmittelbar dem Rost in den Kesselwandungen über einstellen, daß aber der tieferliegende Grund darin liegt, daß das Material — vermutlich beim Schweißen — durch ungünstige Wärmebehandlung notgelitten hat.

Schlußwort.

Im Folgenden sind zusammengestellt:

1) die Ergebnisse der Untersuchung der 30 Bleche, über die im Vorstehenden berichtet ist — Spalte 1 mit Ausnahme der 2 Schweißeisenbleche 27 und 30;

2) die Ergebnisse der Untersuchung von 53 Kesselblechen, zu denen die unter 1) angegebenen Bleche gehören. Bei einem Teil der Bleche sind die Versuchsergebnisse früher veröffentlicht worden, bei einem anderen Teil muß die Veröffentlichung unterbleiben.

Es haben ergeben:

	von 28 Blechen	53 Blechen
weniger als 3400 kg/qcm Zugfestigkeit im ausgeglühten Zustand [1])	7	9
von 3400 bis 3600 kg/qcm Zugfestigkeit	9	15
» 3600 » 4100 »	10	24
weniger als 4100 » »	26	48
mehr » 4100 » »	2	5

48 von 53 Blechen gehören also zu dem sogenannten »weichen« Material. Die Ergebnisse der Versuche zeigen anschaulich, daß diese Bezeichnungen »hart« und »weich« nicht das richtige Bild schaffen, was übrigens bei den Sachverständigen bekannt ist. Kein Kesselblech darf im eigentlichen sonst üblichen Sinn des Wortes hart sein. Die Ergebnisse weisen aber auch darauf hin, daß die Kesselbleche selbst an dem Entstehen der Rißbildungen in vielen Fällen beteiligt sind. Der von Bach 1904 ausgesprochene Satz, daß es angezeigt sei, »gemeinsam mit den Vertretern des Eisenhüttenwesens darauf einzuwirken, daß für Dampfkessel u. dgl. Bleche zur Verwendung gelangen, die bei höherer Temperatur nicht mehr an Zähigkeit verlieren, als der Stand der Eisenhüttentechnik bedingt« (vergl. das in Fußbem. 2 S. 1 zuletzt erwähnte Protokoll, 1904 S. 66), behält daher seine volle Bedeutung.

Von Schiffskesseln rühren her:

Bleche mit weniger als 4100 kg/qcm Zugfestigkeit	4	6
» » mehr » 4100 » »	1	3
Zu Beanstandung bei der Hartbiegeprobe gaben Veranlassung		
Bleche mit weniger als 4100 kg/qcm Zugfestigkeit	6	8
» » mehr » 4100 » »	1	2

Angaben oder Beobachtungen dahingehend, daß das Material bei der Herstellung der Bleche oder der Kessel weniger sorgfältige Behandlung [2]) — durch

[1]) Vergl. hierzu die Fußbemerkung 1, Zeitschrift des Vereines deutscher Ingenieure 1907 S. 1987. Dort ist auf Grund einer Bemerkung von anderer Seite erwähnt, daß sich in den Werksbescheinigungen über die Prüfung von Blechen, deren Zugfestigkeit sich bei Ermittlung in einer Prüfungsanstalt als der unteren zulässigen Grenze von 3400 kg/qcm sehr naheliegend ergibt, öfters wesentlich höhere Werte angegeben finden. Inwieweit dies mit der Geschwindigkeit zusammenhängt, mit der die Stäbe auf dem Walzwerk zerrissen werden müssen, braucht hier nicht erörtert zu werden. Auch aus den im Vorstehenden mitgeteilten Werten ergeben sich häufig erhebliche Unterschiede zwischen dem, was in der Werksbescheinigung enthalten ist, und dem, was in der Prüfungsanstalt ermittelt wurde. Es ist auch beobachtet worden, daß die Werksbescheinigung Werte unterhalb 4100 kg/qcm enthielt, während in der Prüfungsanstalt eine Zugfestigkeit über dieser Grenze ermittelt wurde.

[2]) Vergl. Z. 1912 S. 1890 u. f., sowie die ausführlichen Darlegungen des Verfassers in Z. 1907 S. 1982 u. f.

Stanzen der Löcher, Wärmebehandlung, starken Druck beim Nieten u. s. f. — erfahren hat, liegen vor:

	von 28 Blechen	von 53 Blechen
Bleche mit weniger als 4100 kg/qcm	12	16
» » mehr » 4100 »	2	3

Angaben über weniger sorgfältige Behandlung im Betriebe liegen vor:

Bleche mit weniger als 4100 kg/qcm Zugfestigkeit	4	5
» » mehr » 4100 »	1	1

Diese Zahlen zeigen deutlich die Empfindlichkeit der »weichen« Bleche gegen unsachgemäße Behandlung, was übrigens in den Kreisen der Sachverständigen schon längst bekannt ist.

Schweißungen enthielten Bleche	5	7
von Wellflammrohren stammen[1])	3	4
ausgesprochene Lunkerteile enthielten Bleche	3	4

Grobe und feine Schlackenteile waren bei einer sehr großen Anzahl der Bleche zu beobachten; auch sonst ermöglichte die metallographische Untersuchung in vielen Fällen weitgehenden Einblick.

Die in Z. 1912 S. 1122 enthaltenen Schlüsse seien hier wiederholt:

1) Bleche mit Zugfestigkeiten unter der zulässigen Grenze von 3400 kg/qcm kommen trotz der Abnahme häufiger zur Verwendung, als man denken sollte.

2) Unsachgemäße Behandlung von Flußeisenblechen führt auch bei dem »weichen« Material zur Schädigung.

3) Die hier untersuchten »harten« Bleche haben eine Behandlung erfahren, welche auch »weiche« Bleche geschädigt haben würde.

4) Mehrfach wurden Bleche als »hart« bezeichnet, ohne daß sie bei der Prüfung in der Anstalt Zugfestigkeiten über 4100 kg/qcm ergeben, also »hart« waren.

5) Dem Vorhandensein von groben und namentlich feinen Schlackenteilen, die das Material durchsetzen, dürfte weitergehende Beachtung zu schenken sein.

6) Unsachgemäßes Verfahren beim Nieten kann zur Rißbildung führen.

7) Beim Abklopfen des Kesselsteins ist vorsichtig zu verfahren.

Hinsichtlich der aus vorstehenden Zahlen zu ziehenden Schlußfolgerungen darf auf die Veröffentlichung von C. Bach in der Zeitschrift des Vereines deutscher Ingenieure 1912 S. 360: Eine bedenkliche Eigentümlichkeit unserer Material- und Bauvorschriften für Landdampfkessel, verwiesen werden.

[1]) Die in den deutschen Materialvorschriften enthaltene Bestimmung: »Für Flußeisenbleche von 34 bis 41 kg/qmm Festigkeit, die im ersten Feuerzuge liegen, mit Ausnahme von Wellrohren und ähnlichen Feuerrohren, ist durch Werksbescheinigungen der Nachweis zu führen, daß jedes Blech geprüft ist«, erfährt hierdurch eine gewisse, die Vorschrift nicht deckende Beleuchtung. Trotz der Verarbeitung des Materials sind z. T. durchaus mangelhafte Bleche verwendet worden, ohne daß Ausscheidung erfolgt wäre, derart, daß fast 10 vH der Unfallbleche von Wellrohren stammen.